Folker Kraus-Weysser

Smart

Steiger Verlag

Folker Kraus-Weysser

Smart

STEIGER

Der Autor:
Folker Kraus-Weysser, geboren 1938, lebt in Köln und Südfrankreich, ist Verfasser zahlreicher Sachbücher (darunter der Bände »New Beetle« und »Audi TT« in dieser Buchreihe des Steiger Verlags) und als Journalist mit den Sachgebieten Wirtschaft, Naturwissenschaft und Technik für fast alle wichtigen deutschen Magazine und Illustrierten (u.a. »Stern«, »Capital«, »Focus«, »Autofocus«, »Auto, Motor und Sport«) tätig.

Die Deutsche Bibliothek - CIP-Einheitsaufnahme

Ein Titeldatensatz für diese Publikation ist bei der Deutschen Bibliothek erhältlich

Alle Informationen und Hinweise ohne jede Gewähr und Haftung.

Gedruckt auf chlorfrei gebleichtem Papier.

Steiger Verlag München 2000
© Weltbild Ratgeber Verlage GmbH & Co KG, München
Alle Rechte vorbehalten.

Lektorat: Frank Auerbach
Layout, Satz, Reproduktion: Repro Mayr, Donauwörth

Bildnachweis:
Audi: S. 9; BMW: 8, 9; DaimlerChrysler: 14 u.- 20; Ford: 68; Opel: 9, 68; Renault: 68; VW: 8, 9; alle anderen Bilder stammen von Micro Compact Car smart GmbH.

Printed in Germany

ISBN 3-89652-218-3

Inhalt

Was ist der »Smart« eigentlich?

Zwei Sitze, zwei Meter, zwei Farben: der »Smart«. Auf der Internationalen Automobil-Ausstellung 1997 in Frankfurt/Main erlebte Deutschlands derzeit eigenwilligstes Auto seine Premiere. Das Vehikel mit kurzer Front und seltsam abgehackt wirkendem Steilheck, fast so breit wie lang, irgendwie an die Autoskooter auf dem Jahrmarkt erinnernd, erregte von Anfang an Aufsehen. Drei Millionen Deutsche, so rechneten die »Smart«-Strategen mit spitzen Stiften, kaufen jährlich Autos, die weniger als 25 000 Mark kosten. Wenn davon nur ungefähr zehn Prozent auf den »Smart« umsteigen, reicht das für eine Jahresproduktion von etwa 300 000, mindestens aber 200 000 Fahrzeugen: »Das ist zu schaffen!« kalkulierte Mercedes-Chef Jürgen Hubbert.

Doch beim »Bonsai-Benz«, wie manch einer den »Smart« spöttisch bezeichnete, ging es dem Publikum zunächst gar nicht so sehr um die Frage: »Kaufen oder nicht kaufen?« Bereits auf der IAA brummelten die Besucher verunsichert: Was ist der »Smart« eigentlich? Ein Stadtauto? Ein Mini? Ein revolutionäres Autokonzept für das dritte Jahrtausend, orientiert an Umweltgedanken und gedacht als Ausweg aus dem energie- und rohstoffzehrenden Individualverkehr? Oder soll Papi weiterhin die große S-Klasse fahren, Mutti hingegen in Zukunft zum Einkaufen nur den Smart nehmen, also ein Auto, das Anspruch auf seine Anerkennung als Zweitwagen erhebt?

Keine dieser Fragen wurde bislang schlüssig beantwortet. Doch schuld ist daran nicht der »Smart«, sondern die kurzsichtige Betrachtung vieler Kritiker. »Ich halte nichts vom Smart. Auch ein Dreiliterauto braucht vier vollwertige Sitze«, mäkelte VW-Chef Ferdinand Piech und verteidigte damit sein eigenes Kleinwagenkonzept.

Zwei Meter, zwei Farben, zwei Sitze: der Smart.

»Wer als Händler einen Vertrag unterschreibt, muss mit dem Klammerbeutel gepudert sein«, warnte Jürgen Creutzig, Geschäftsführer des Kfz-Handwerks, seine Händlerkollegen und brachte damit die Angst der Gilde zum Ausdruck, Autos fortan nicht mehr im Nobel-Ambiente gläserner Showrooms an eine begehrliche Klientel verteilen zu können, sondern vielmehr »Smarts« gleich Waschmaschinen oder Computer einer immer kritischeren Kundschaft andienen zu müssen. Und im Branchenblatt »auto, motor und sport« machte sich Leser Michael Neuhaus angesichts der bescheidenen Zulassungszahlen lustig: Dass jemals »zwei Smarts zusammenstoßen, diese Wahrscheinlichkeit ist gering«. Alle Kritiker verteidigten eigene Interessen und Vorurteile, ein typisches Phänomen, wenn Neuheiten alte Gewohnheiten bedrohen.

Die Macht der Gewohnheit

Die besondere Optik sichert dem Smart einen festen Platz in der Automobilgeschichte.

»Nichts hat so sehr mit Gewohnheit zu tun wie die Form von Autos«, urteilte der Altmeister des Designs, der Amerikaner Raymond Loewy bereits in den fünfziger Jahren. Und tatsächlich präsentiert sich der »Smart« vor allem durch seine eigenwillige Form als gewöhnungsbedürftige Neuheit. »Krankenfahrstuhl« wurde gewitzelt, als er erstmals auf den Straßen auftauchte. An die BMW »Isetta« erinnerten sich die Älteren – einen ähnlichen Kleinwagen der Nachkriegszeit, ebenfalls ein Zweisitzer und wegen des kurzen Radstandes eine wenig stabile Konstruktion. Unüberhörbar spielte bei solchen Mäkeleien die Abweichung des Gefährts namens »Smart« von der gewohnten automobilen Optik eine Rolle, da die Kritik fast nichts mehr gelten lässt, was sich allzu sehr davon unterscheidet.

Denn Tatsache ist, dass an der Wende zum dritten Jahrtausend auf europäischen Straßen ein Trend zum Gleichmaß, ein Verlust an formaler Vielfalt, vorherrscht. Vorbei sind die Zeiten, als jeder Automobilhersteller seinen Modellen noch eine möglichst eigenständige, bereits auf den ersten Blick auszumachende Form zu verpassen suchte. Über Jahrzehnte grinste zumindest die germanische Welt über das gallische »Entchen«, Citroëns 2 CV. Doch dann wurde ganz allmählich ein Kultauto daraus, ein rollender Beweis für eine eigenständige Weltanschauung, für Lebensart und Spaß am Spaß schlechthin. Als Renault mit dem R 4 eine Blechkiste auf vier Räder setzte, praktisch und billig und gewiss nicht schnell, mit serienmäßiger Handkurbel als Ersatzanlasser und stoffbespannten Stahlrohrsitzen, ahnte man nicht, dass daraus eine über 30-jährige Erfolgsstory werden sollte. Was rieben sich die deutschen Autojournalisten an der aus dem Armaturenbrett herausragenden Stockschaltung! »Erster Gang – Stock ganz rausziehen, zweiter Gang – nach vorne ein

wenig rechts, dritter Gang – kräftig ziehen!« Citroëns futuristische DS und der VW-Käfer und der Fiat Cinquecento und der Ford Capri und der berühmte britische Mini von Austin, Morris, British Leyland, Rover stehen noch immer für eine Etappe in der Automobilgeschichte, die vor Einfällen und Individualismus aus den Nähten platzte und die wohl endgültig der Anpassung an die Großserientechnik zum Opfer gefallen ist. Heute konkurrieren Fiat Punto und Renault Clio, Opel Astra und Peugeot 205, Mazda 323 oder Nissan Micra in der kleinen Steilheckklasse des VW Golf. Ähnliches gilt in der besseren Mittelklasse längst für die in Mode gekommenen Kombis aus den Häusern BMW, Mercedes, VW-Audi, Lancia oder Volvo. Und dann ist da noch die große Mehrheit, die aus einer flachen Kiste mit aufgesetztem Glashäuschen besteht, mehr oder weniger eckig, aber stets in der bekannten Pontonform. Von ganz wenigen Ausnahmen abgesehen, geht es bei Europas Autoformen so zu, als würde sich die Damenmode auf ein Kleid, einen Rock und eine Bluse beschränken, mal mit ein paar Accessoires mehr oder weniger verziert, doch grundsätzlich immer das Gleiche.

Sie sind selten, die eigenwilligen Autos mit einer besonderen Form – der Smart gehört dazu.

Fast alle großen Hersteller bauen Kleinwagen: links die Mini-Studie von Rover, unten der Opel Corsa...

Anders als beim Smart setzen fast alle Kleinwagenhersteller, etwa Audi mit dem Al$_2$ (oben) oder VW mit dem New Beetle auf verkleinerte Normalautos.

Deshalb ist es nur logisch, dass die Spötter lästern und die Ästheten hüsteln, wenn plötzlich ein »Smart« in diese Gewohnheitswelt der festgefügten Formen und Urteile einbricht. Seit technisch kaum noch ein Wunsch unerfüllbar bleibt, ist das Design eines Autos ohnehin zum wichtigsten Merkmal aufgestiegen, nur darf es eben nicht allzu viel Originalität verraten. Mercedes achtet noch heute darauf, dass die Türen der schweren Limousinen mit einem Vertrauenerweckenden »Plop« ins Schloss fallen. Und VW-Chef Piech begeistert sich an einem Haltegriff im Passat, der beim Loslassen nicht einfach hektisch zurückfedert, sondern gleichsam verzögert, vornehm sanft in die Ausgangslage zurückkehrt. »Autos 2000« – das ist ein Designspielplatz geworden, als gelte es keine Antworten zu suchen auf die wahrhaft dramatischen Auswirkungen des Massenverkehrs, auf die bis zu 80 Kilometer langen Ferienstaus, den Benzin- und Rohstoffverbrauch, die Abgase.

Nun ist es keineswegs so, dass die Automobilindustrie keine Einfälle hätte, ganz im Gegenteil: Auf jedes Töpfchen hat die Branche das passende Deckelchen, für jedes Problem die richtige Lösung parat, meist in Rekordfrist. Abgase? Bitte schön: Katalysator! Rohstoffverwertung? Natürlich: Altwagen-Recycling! Treibstoffeinsparung? Klar doch: Dreilitermotor! Vieles funktioniert zunächst nicht total und ideal, aber durchaus tauglich und bestens geeignet für die werbliche Selbstdarstellung einer Branche, die Probleme unserer Zeit dynamisch anpackt und handfest löst. Der Autokunde fühlt sich in guten, behütenden Händen. Nicht einmal seine optischen Sinne werden unanständig durch allzu viel Abweichung vom branchentypischen Grundstil verschreckt. Um beispielsweise das Publikum ganz vorsichtig auf die neue Buckel-Silhouette des Kleinwagens Al$_2$ und des neuen A6 vorzubereiten, ließ Audi-Designchef Peter Schreyer auf der Frankfurter Automobil-Ausstellung 1995 die Studie des inzwischen erfolgreichen TT auffahren, nur so als eine Art Geschmacksschulung: »Das hat tatsächlich eine gewisse Rolle gespielt. Wenn wir den A6 vorgestellt hätten, ohne zuvor mit dem TT einen ersten Eindruck von der neuen Form zu vermitteln, wäre das, wie ich glaube, ein zu großer Schritt, vielleicht sogar ein Schock gewesen.« Nichts scheint der Motorbranche wichtiger zu sein, als Veränderungen betulich, schön langsam und brav portioniert unter die Leute zu bringen. Motto: Der Kunde ist ein scheues Wesen, das man nicht verschrecken darf!

Und in diesen Naturschutzpark kurvte plötzlich ein steiler Winzling, eine Handvoll Auto, ein wenig gaggig und albern zugleich. Die Konkurrenz schüttelte den Kopf, und auch bei Mercedes als Mutterfirma der »Smart«-Gesellschaft war man sich nicht immer ganz sicher, was größer war: der Mut, in das Abenteuer einzusteigen, oder die Angst, es könne schief gehen. Zehn Jahre, schätzten Experten, würde es dauern, bis die Entscheidung über Erfolg oder Flop des »Smart« gefallen wäre. Zehn Jahre könnte es allerdings auch dauern, bis sich die Bürger daran gewöhnt haben, dass es außer Steilheck-Kleinwagen, Pontonform und Kombis noch viele, viele andere Designmöglichkeiten gibt, beispielsweise den »Smart«.

Der provozierende Winzling

Sein Auftritt ist eine Provokation der Autokultur am Ende des zweiten Jahrtausends. Er wirkt so, als würde jemand vorschlagen, den Parkraummangel kurzerhand dadurch zu beheben, dass man ganz einfach weniger Autos baut. Der Smart ist seit langem das erste regulär zweisitzige Auto, sieht man von Sportwagen oder aus der Not der Nachkriegsjahre entstandenen Kleinvehikeln ab. Er ist ein Zweisitzer als logische Konsequenz: »Es ist doch Unfug, vier Sitze mitzuschleppen, wenn ohnehin nur einer benötigt wird!« behaupten seine Fans.

»Unfug?« empören sich die Vertreter der traditionellen Bauweise: »Unfug? Ein vollwertiges Auto muss auf jede Gelegenheit vorbereitet sein, also auch darauf, drei oder vier Passagiere zu transportieren.«

»Quatsch! Autos sind im Durchschnitt nur mit 1,2 Personen besetzt, also mit dem Fahrer und nur selten mit einem Beifahrer«, entgegnen die Smart-Anhänger.

»Wenn diese Argumentation vernünftig wäre, ließen sich wie früher in der stalinistischen Sowjetunion alle Wohnungen auf ein einziges Zimmer beschränken, weil man in der Regel nicht mehr Raum benötigt«, versuchen die Traditionalisten zu erwidern.

»Nicht doch! Eine Wohnung ist Lebensraum. Das Auto benutzt man hingegen nur gelegentlich.«

»Papperlapapp, genauso gut ließen sich alle Badezimmer abschaffen, weil sie bestenfalls eine Stunde am Tag benutzt werden.«

»Mit absurden Vergleichen lässt sich jeder ernsthafte Gedanke aus den Angeln heben«, seufzen die Smart-Verteidiger.

»Nehmen wir ein anderes Beispiel. Ich habe mir ein Fahrrad gekauft, obgleich es übers Jahr gerechnet insgesamt nicht öfter als ein dutzend Male benutzt wird. Auch meine Skiausrüstung wird im Jahr nur ein- oder zweimal entmottet. Also alles nur Quatsch, Platz- und Geldverschwendung, so ähnlich wie ein viersitziges Auto?«

»Wenn Sie so wollen: Ja!« antworten die Smart-Leute. »Fahrrad und Skiausrüstung mögen Ausdruck eines Lebensstils sein, ein Beitrag zur Befriedigung von Sehnsüchten. Aber vernünftig ist dieses Verhalten ganz gewiss nicht. Fahrrad oder Ski kann man sich ebenso gut leihen. Das wäre billiger, würde Rohstoffe sparen, Platzprobleme vermeiden.«

»Aha, Fahrrad und Ski sind ein Beitrag zum Lebensstil. Und wie steht es mit dem Auto?«

»Natürlich genauso. Autos sind einfach zu teuer, ihre Produktion und die gesamte Infrastruktur wie Straßen, Tankstellen und Werkstätten sind viel zu aufwendig, als dass man sich unüberlegt ein Autos anschaffen dürfte. Es gibt Modelle, die bereits ein Jahr nach der Erstzulassung nur noch die Hälfte wert sind. Man muss sich das mal vorstellen – nach einem Jahr 50 Prozent Wertverlust! Ein miserables Geschäft! Der deutsche Autofahrer legt im Allgemeinen jährlich rund 15 000 Kilometer zurück, verbringt also bei einer Durchschnittsgeschwindigkeit von 60 Kilometern pro Stunde ungefähr 250 Stunden im Auto. Aber das Jahr hat 365 mal 24, also fast 9000 Stunden. Ein paar Stunden Autofahren im Gegenwert von mehreren Monats-, vielleicht sogar Jahresgehältern! Der pure Wahnsinn!«

Modisch und poppig: Der Smart entspricht dem Lebensgefühl der Jahrtausendwende.

»Na gut, und was ist beim Smart anders?«

»Gewiss, auch der Smart ist keine Ideallösung. Aber dieses Auto ist preiswert, angepasst an die allgemein verbreiteten Gewohnheiten der Autofahrer mit zwei Sitzen, wenig Bedarf an Parkraum, einem tauglichen Kofferraum, mäßiger Spitzengeschwindigkeit bei zugleich guter Beschleunigung. Der Aufwand für die Produktion hält sich in Grenzen, der Wertverlust ebenso«, argumentieren die Verteidiger des Kleinwagens.

»Und wie steht es mit dem Lebensstil, mit der Freude am Fahren, um den Besitzerstolz, um den Spaß an der Technik?«

»Aber das alles bietet der Smart doch im Überfluss! Er ist keine lahme Ente, sondern ein technisch raffinierter, flinker Flitzer.«

»Irgendwie mögen Sie vielleicht Recht haben«, räumen die Traditionalisten ein. »Aber an Ihren Argumenten missfällt, dass sie so verdammt logisch sind, kühl auf das Wesentliche reduziert. Jedermann weiß, dass Autofahren ein teurer Spaß ist, aber zugleich auch Wünsche befriedigt. Wir gehen doch auch ins Kino, obgleich wir wissen, dass auf der Leinwand nur eine optische Illusion erzeugt wird, ein Spiel stattfindet. Soll man sich also mit einer solchen Grundhaltung vor die Leinwand setzen, nur weil sie logisch abgesichert ist?«

»Logisch mag es sein, vernünftig wäre es gewiss nicht«, beharren die Smart-Verteidiger. »Natürlich muss auch ein Auto wie der Smart einige Gefühlswerte aufweisen, beispielsweise ausreichende Beschleunigungswerte. Nur so zum Spaß, auch wenn es nicht besonders logisch ist.«

Klein, aber vernünftig

Würde also die Smart-Konzeption ausschließlich kühler Logik folgen, dann wäre bei der Hersteller-Firma Micro Compact Car Smart GmbH (MCC) im schwäbischen Renningen jetzt gewiss keine viersitzige Modellvariante in Planung, mithin ein rollender Widerspruch zu der anfänglich so eifrig vertretenen Zweisitzer-Philosophie. Doch der Smart ist kein logisches, sondern ein vernünftiges Auto. Und die Vernunft gebietet es ungeachtet aller technischen Logik, auf Käuferwünsche einzugehen, auf mehr Platz im Kleinwagen, auf viel Umweltschutz bei der Produktion und elektronischen Aufwand zu Gunsten eines flotten Fahrwerks.

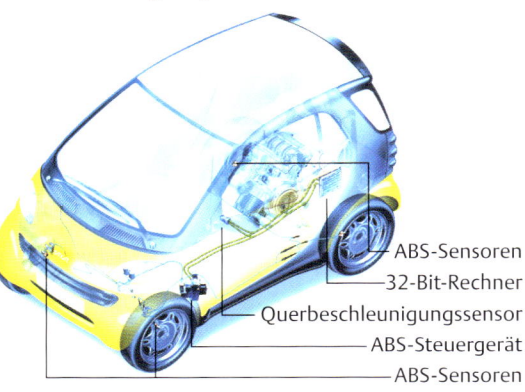
Ein potenter Zwerg: Der Smart ist elektronisch aufwendig ausgestattet.

- ABS-Sensoren
- 32-Bit-Rechner
- Querbeschleunigungssensor
- ABS-Steuergerät
- ABS-Sensoren

Die Zweifarbigkeit ist ein Smart-Kennzeichen

»Smart ist das Bekenntnis, die individuelle urbane Mobilität in jeder Hinsicht zu optimieren«, verkündet der Smart-Prospekt, der den Winzling mit der Funktion einer Büroklammer vergleicht, nämlich einfach und zweckmäßig und nicht mehr. Dass freilich doch ein bisschen mehr Aufwand notwendig ist, um einen Kleinwagen auf zeitgemäßes Niveau zu hieven, beweisen die elektronischen Zugaben wie ABS, Antriebsschlupfregelung, Steuerung von Einspritzung, Ladedruck, Kupplung, Getriebe und Zündung. »Das elektronische Gehirn des Smart«, loben die Hersteller, ist die »Traktions- und Stabilitätskontrolle mit Raddrehzahlsensoren sowie einem Beschleunigungssensor. Sollten Sie einem plötzlich auftauchenden Hindernis ausweichen müssen oder auf rutschige Fahrbahn geraten und ausbrechen, nimmt TRUST-PLUS sofort Gas weg und kuppelt situationsbedingt aus und später wieder ein. Der Fahrzustand wird so permanent überwacht.«

Damit zählt der Smart zu den elektronisch höchstgerüsteten Kleinwagen seiner Generation. Ingenieure unterscheiden grundsätzlich zwischen passiver und aktiver Sicherheit. Unter passiver Sicherheit verstehen sie die Minderung von Unfallfolgen. Die aktive Sicherheit ist hingegen gleichbedeutend mit allen Maßnahmen zur Vermeidung von Unfällen, etwa durch die Antriebsschlupfregelung, die ein Ausbrechen des Fahrzeugs verhindern soll. Hat schon bislang die Elektronik etwa mit dem heute bereits fast durchweg serienmäßigen ABS-Bremssystem einen beträchtlichen Beitrag in dieser Richtung geleistet, liegt der Smart genau im Trend. Manche Kritik an einer »Übertechnisierung« der Autos oder an der nur noch für Experten einsichtigen Chip-Technik unter der Motorhaube wird durch die

Erfolge deutlich widerlegt. So waren 1953 in Deutschland gerade mal 2,5 Millionen Kraftfahrzeuge zugelassen, heute sind es weit über 50 Millionen. Die Zahl der Unfallopfer der fünfziger Jahre auf die heutige Mobilität umgerechnet, ergäbe nicht weniger als 125 000 Verkehrstote jährlich. In der traurigen Realität sind es aber »nur« rund 5600 Tote – jeder Einzelne ist zu viel, aber trotzdem ist diese immerhin relativ geringere Zahl auch ein Erfolg raffinierter elektronischer Brems- und Stabilitätssysteme.

Ein hohes Maß an Sicherheit

Fast jedes Detail des Smart wurde neu entwickelt, auch die Scheinwerfer.

Ähnlich gute Noten erhält der Smart, wenn er an den Erfordernissen des passiven Sicherheitsaufwandes gemessen wird. Ziel sei es, verkündeten die Teilnehmer einer Fachtagung der VDI-Gesellschaft für Fahrzeug- und Verkehrstechnik in Berlin, bei einem Zusammenstoß möglichst viele der gefährlichen Kräfte vom eigenen auf das Fahrzeug des Unfallgegners abzuleiten, und zwar auch dann, wenn ein großes und schweres Auto gegen ein kleines, leichtes prallt. Dazu müssen allerdings die Karosserien aller Fahrzeuge so ausgelegt sein, dass sich die Blechhaut ungefähr in gleichem Maße verformt. Mit anderen Worten: Auch in einem Smart muss die Passagierzelle ebenso intakt bleiben und den Insassen eine Überlebenschance bieten wie in der weit größeren und von mehr Knautschzonen geschützten Mercedes-S-Klasse.

Erstaunlicherweise bietet der Smart auch hier bestechende Eigenschaften. Seine »Tridion« genannte Sicherheitszelle ist der Natur abgeschaut: Auch eine Nuss schützt mit ihrer harten Schale den empfindlichen Inhalt. »Die vordere Crashbox ist mit Querträgern und Stülprohren, die hintere mit einem Aluminiumträger verstärkt. Einen Rempler mit bis zu 3 km/h Geschwindigkeit stecken sie spurlos weg. Bei einer Kollision mit etwa 15 km/h dienen sie als Knautschzone und garantieren, dass der Tridion unbeschädigt bleibt«, erklären die Smart-Techniker. Und im Ernstfall verlagern die Längs- und Querträger einen Teil der Aufprallenergie in die Knautschzone des Unfallgegners und verteilen die Kräfte gleichmäßig auf die gesamte Sicherheitszelle. Hinzu kommen Sicherheits-Integralsitze, Fahrer- und Beifahrer-Airbag, Gurtstopper und Gurtkraftbegrenzer, eine deformierbare Lenksäule und Knieschutzpolster. Als Option gibt es auch Seiten-Airbags. »Beim Smart gibt es weder innen noch außen splitternde Verkleidungsteile. Bei einem Crash wird die Benzinzufuhr gestoppt. Und die Zentralverriegelung öffnet automatisch«, erklärt der Hersteller. Damit darf der Smart als einer der bislang sichersten Kleinwagen gelten.

Ungeachtet seiner geringen Abmessungen ist der Smart ein sicheres Auto, das bei einer Kollision auftretende Kräfte erstaunlich gut ableitet.

Logisch beurteilt, bliebe somit nur die Schlussfolgerung: Viel Aufwand für ein Fahrzeug, das wie alle anderen Autos zu etwa 90 Prozent seiner Lebenszeit irgendwo unbenutzt herumsteht. Doch der Smart ist nicht bloß ein logisches, sondern ein vernünftiges Auto. Wären indessen alle Autos so klein, könnte man auf jedem Parkplatz einen zusätzlichen Baum pflanzen – macht in einer Stadt mit 400 000 Einwohnern rund 50 000 Bäume.

»Tridion« heißt die Sicherheitszelle, die dem Vorbild der Natur nachgebaut ist, indem der weiche Kern unter einer harten Schale schützend verpackt wird.

Grüne Vergleiche dieses Kalibers stehen dem Smart gut an, denn er ist wohl das erste »nachhaltig« entwickelte Auto. »Nachhaltig« bedeutet, dass ein Produkt auch nach seiner aktiven Gebrauchszeit noch über Gehalt verfügt, nämlich zur Wiederverwendung seiner Bauteile und Rohstoffe. Genau dieser Spur folgt der Smart, dessen sämtliche Konstruktionsteile fast vollständig recyclebar sind. Die gesamte Produktion einschließlich der notwendigen Gebäude wurden ökologisch ausgerichtet. So kommen bei der Lackierung der Stahlkarosserie ausschließlich schadstofffreie Pulverlacke zum Einsatz, bei denen keine Lösungsmittel, kein Abwasser und kein Klärschlamm anfallen. Die Produktionsgebäude des Industrieparks »Smartville« im französischen Hambach (Lothringen) sind frei von Schadstoffen wie Asbest, FCKW oder Formaldehyd. Die Fassadenverkleidungen bestehen zu 80 Prozent aus schnell nachwachsenden europäischen Holzarten. Die Kläranlage funktioniert biologisch, die Abwärme wird durch ein Rückgewinnungssystem geführt. Niederschläge sammelt man auf dem Dach der Produktionshallen als Löschwasser. Der in Smart-Werkstätten anfallende Müll wird europaweit verwertet.

An der Spitze einer neuen Stadtauto-Generation

Dass dieser Aufwand durchaus Sinn macht, zeigt die Rolle des Winzlings als Trendsetter: Als hätte sein Markteinstieg eine Entwicklung angestoßen, rollen inzwischen immer mehr Stadtautos aus den Entwicklungsabteilungen und Designstudios. So präsentierte Honda auf der Tokyo Motor Show 1999 die Studie eines City-Mobils, das mit einer Länge von drei Metern und nicht weniger als zwei Meter Höhe auffallend einer kleinen Lokomotive ähnlich sah. Das »Fuya-Jo« – zu Deutsch »schlaflose Nacht« – getaufte Vehikel sollte nach dem Wunsch der Honda-Designer »völlig neue Perspektiven urbaner Mobilität« demonstrieren. Nach der Art reinrassiger Showcars verfügte es über Barhockern ähnliche Sitze, und überdimensionale Lautsprecher konnten es in eine rollende Disco verwandeln. Unverkennbar zielten die Japaner mit ihrer Studie auf den deutschen Smart: Anders wäre der Slogan »Be smart, have fun« kaum zu erklären.

Ernsthafter ging Italiens Stardesigner Sergio Pininfarina ans Werk, als er fast zur gleichen Zeit seinen würfelförmigen »Metrocubo« (italienisch für Kubikmeter) präsentierte. Mit 2,58 Metern nur wenig länger, mit 1,78 Metern jedoch einen guten Viertelmeter breiter als der Smart, strahlte der Kleinwagen den Charme eines Kleiderschranks aus, bot aber nicht weniger als fünf Personen durchaus ausreichenden Platz. Drei Sitze vorne, zwei hinten, davon einer quer, war die etwas gewöhnungsbedürftige Anordnung, die den Smart-Leuten demonstrierte, dass Platz wirklich in der kleinsten Hütte ist. Die Sitze, an Liegestühle erinnernde, dünne Stoffbezüge über einem Aluminiumgestell, konnten einfach weggeklappt werden und verwandelten den Zwerg in einen kleinen Lieferwagen. Mini-Räder und ein tief im Gitterrohr-Chassis untergebrachter Antrieb waren für das Raumwunder verantwortlich. Ein Ersatzrad war nicht notwendig, weil die von Michelin entwickelte Felgen-Reifen-Kombination, »Pax-System« genannt, auch bei Druckverlust über Notlaufeigenschaften für eine Strecke von etwa 200 Kilometer verfügte.

Bei MCC könnte man sich über die Aufbruchstimmung unter dem Aspekt freuen, dass Konkurrenz das Geschäft belebt. Doch so einfach liegen die Dinge nicht. Einerseits belegen die seit Jahren anhaltenden Bemühungen, einen würdigen Nachfolger für den klassischen britischen Mini als Vorbild aller Stadtautos zu entwickeln, die beträchtlichen Schwierigkeiten, ein ideales Mittelmaß zwischen möglichst viel Innenraum und zugleich bescheidenen Außenabmessungen zu finden. Andererseits ist abzusehen, dass der Smart in naher Zukunft in seiner Klasse nicht mehr alleine sein wird und seine Qualitäten im Wettbewerb beweisen muss.

Was ist der »Smart« eigentlich?

Historie: Warum DaimlerChrysler den Smart produziert –
oder: Von den Urgroßeltern des Smart

»Wir sind zu Oma nach Pforzheim gefahren«, steht auf dem Zettel, den der Mann mit der hohen Stirn und dem hängenden Schnauzbart von seiner Frau Bertha auf dem Küchentisch findet. Er reagiert beunruhigt, denn von Mannheim nach Pforzheim sind es rund 80 Kilometer, Bertha hat keine Fahrpraxis mit dem neuen Auto, und die Straßen sind miserabel. Und tatsächlich geht die Fahrt nicht ohne Probleme ab. Bei einem Dorfschmied muss mangels Kundendienstwerkstätten der Antrieb repariert werden. Eine verstopfte Benzinleitung stochert Bertha mit der Hutnadel frei, ein angescheuertes Benzinkabel isoliert sie mit dem Strumpfband. Der Motor ist ebenfalls nicht in bestem Zustand, denn an jeder Steigung müssen die Söhne Richard und Eugen den Wagen schieben. Der Kühler erweist sich als undicht und muss alle 20 Kilometer nachgefüllt werden. Doch schließlich erreicht der Wagen sein Ziel, und Berthas Ehemann, ein von Natur aus introvertierter und vorsichtiger Zweifler, ist erleichtert, als er Bertha und seine Söhne einige Tage später wieder wohlbehalten in die Arme schließen kann. Der Ausflug wäre nicht der Rede wert, hätte er nicht am 5. August 1888 stattgefunden – die erste mit einem Auto unternommene Überlandtour in der Historie. Gewagt hat sie Bertha Benz, die Ehefrau von Carl Benz, einer der großen Erfindergestalten der Automobilgeschichte. Gut zehn Jahre sind vergangen, seit der badische Ingenieur mit einem dreirädrigen Motorrad die ersten Meter zurückgelegt hat, ebenso wie ein Jahr zuvor im Stuttgarter Vorort Bad Cannstatt der Schwabe Gottlieb Daimler. Überhaupt gibt es zahlreiche Parallelen im Leben der beiden Männer. Beide hatten zunächst wenig Glück in ihrem Berufsleben. Beide bauten 1886 einen Motor in einen Kutschwagen und galten seither als Erfinder des Automobils. Und im Leben beider Männer spielten Frauen eine wichtige Rolle: für Carl Benz seine tatkräftige Frau Bertha und für Gottlieb Daimler die Tochter des österreichischen Rennfahrers Emil Jelinek, deren Vorname Mercedes eine der erfolgreichsten Automarken der Welt bezeichnet.

Neuer Patent-Motorwagen
mit Gasbetrieb durch Benzin
Benz & Cie., Rheinische Gasmotorenfabrik
in
Mannheim.

Höchste Auszeichnung (Ehrendiplom) Ausstellung Giogau 1888.

Ausgestellt in der Kraft- und Arbeitsmaschinen-Ausstellung in München
seit dem 12. September 1888.

Carl Benz und Gottlieb Daimler gelten mit ihren Motorkutschen (oben und rechte Seite) als die Erfinder des Automobils.

Motoren waren in jener Zeit längst keine Seltenheit mehr. Der Franzose Lenoir hatte bereits 1860 einen Gasmotor erfunden, der neben dem allgemein üblichen Dampfantrieb als stationärer Motor in die Industrie Einzug hielt. Auch erste Versuche, den Lenoir-Motor als Fahrzeugantrieb einzusetzen, hatte es bereits gegeben. Doch diese Maschinen erwiesen sich als wenig geeignet. Sie liefen zu langsam, waren zu schwer und in mobiler Ausführung zu schwach. Daran änderte sich auch nichts, als der Deutsche Nikolaus August Otto den Viertaktmotor entwickelte und in großer Zahl in der von ihm gegründeten Gasmotorenfabrik in Köln herstellte. Gasmotoren hießen diese Maschinen übrigens nur deshalb, weil der flüssige Treibstoff nicht anders als heute in kleine Tröpfchen versprüht, mit Luft vermischt und in den Zylinder geblasen wurde.

An diesen Prinzipien hatte weder Daimler noch Benz etwas auszusetzen. Ihr Interesse konzentrierte sich vielmehr auf schnell laufende Motoren, die leicht genug für einen Fahrzeugantrieb waren. Unabhängig voneinander gelang ihnen dieser Entwicklungsschritt: Der Benz-Motor leistete 0,9 PS bei 400 U/min, der Daimler-Motor war mit 1,1 PS bei 650 U/min sogar noch etwas stärker. Ganz nebenbei verfügten das erste Daimler-Auto über eine Schaltung und Kupplung und das Benz-Auto über eine elektrische Zündung – beides wegweisende Pionierleistungen. Daimlers Freund und Partner Wilhelm Maybach konstruierte wenig später ein Auto, das zum ersten Mal bereits eine Viergangschaltung, einen richtigen Vergaser und den bis heute üblichen Kühler besaß.

Allerdings wurde der Fortschritt keineswegs allgemein begrüßt. Zwar verursachte der überwiegend noch mit Pferdefuhrwerken bewältigte Stadtverkehr einen Höllenlärm und war weit unfallträchtiger als heute. Aber man misstraute den neumodischen Motorkutschen, die aussahen, als hätte man einem Pferdewagen einen Motor eingepflanzt. Das änderte sich erst im Jahr 1900, als der Daimler-Angestellte Wilhelm Bauer bei einem Unfall ums Leben kam und Maybach den Ursachen auf den Grund ging: Der Schwerpunkt der ungelenken Vehikel lag viel zu hoch. Die Fahrzeuge drohten in jeder Kurve umzustürzen. Das war für Daimler der Anlass, das Konzept grundsätzlich zu ändern. Die Fahrzeuge wurden länger, der Schwerpunkt wurde niedriger gelegt, der Radstand war nun größer, der Motor vorne eingebaut – im Grunde genauso, wie heute Autos aussehen.

Der »Parsifal«-Benz von 1903 wurde zunächst mit Zweizylindermotoren, dann mit einem 20-PS-Vierzylinder ausgerüstet.

mit 1,65 PS, Benz 1893 den »Victoria«-Wagen mit 5 PS, Daimler ein Jahr später den »Vis-à-vis« mit 3,7 PS, Benz den »Velo« als erstes in Serie gefertigtes Auto mit 1,5 FS, Daimler 1899 den »Phönix«-Rennwagen mit 27 PS, Benz im selben Jahr eine 12-PS-Konstruktion. Es gab Lokomotiven, Lastwagen, Straßenbahnen und bald auch Flugzeuge mit Daimler- oder Benz-Motoren. Hatte der erste »Patent-Motorwagen« von Benz 1887 noch eine bescheidene Spitzengeschwindigkeit von 16 km/h, so erreichte ein Daimler bei der Rennwoche von Nizza 1901 schon eine Spitze von über 80 km/h. Die Entwicklung nahm ein beängstigendes Tempo an. Als am 10. Dezember 1902 die Internationale Automobil- und Fahrradausstellung in Paris eröffnet wurde, warf ein Reporter der Zeitung »New York Herald« angesichts der deutschen Modelle die Frage auf, welche Weiterentwicklung in der Automobiltechnik überhaupt noch vorstellbar sei. Die Daimler-Rennwagen waren 1906 bei 120 PS und sechs Zylindern angekommen. Benz präsentierte 1908

Daimlers »Simplex«-Modelle wurden von 1902 bis 1906 gebaut und kamen bereits auf beachtliche 70 PS.

Zu diesem Zeitpunkt hat das Automobil bereits seinen Siegeszug angetreten. 1896 rollt das erste Fahrzeug des Amerikaners Henry Ford, zwei Jahre später folgt der Franzose Louis Renault. 1899 startet die Produktion bei Fiat in Turin und Opel in Rüsselsheim. 1906 gibt es im Deutschen Reich rund 10 000 Autos, davon jedes Achte in Berlin. 1918 zählen die inzwischen drei Daimler-Werke nicht weniger als 25 000 Beschäftigte. Benz und Daimler stellen in immer kürzeren Abständen neue Modelle vor: Daimler 1889 einen Stahlradwagen

beim Grand Prix von Frankreich einen Rennwagen mit 150 PS, der bei Rekordfahrten in Florida zwei Jahre später die bis dahin unvorstellbare Geschwindigkeit von 211 km/h erreichte. Luftreifen gab es dank Dunlops Erfindung seit 1898. Robert Bosch hatte 1902 die Hochspannungszündung eingeführt. Die Kupplung wurde ebenso üblich wie die Kardanwelle anstelle des in den Anfangsjahren gängigen Kettenantriebs. Gottlieb Daimler erlebte den Fortschritt freilich nicht mehr. Er war im Jahr 1900 gestorben.

Der Erste Weltkrieg bremste zunächst einmal diesen Fortschritt, weshalb noch Mitte der dreißiger Jahre auf hundert Deutsche nur ein Auto entfiel, während in den USA bereits das Verhältnis von fünf zu eins erreicht wurde. 1924 gab es in Deutschland 86 Automobilhersteller, die 144 verschiedene Modelle anboten, obgleich ein einziger Hersteller ausgereicht hätte, den gesamten Marktbedarf zu decken. Der wirtschaftliche Druck wurde so groß, dass sich die Daimler-Motoren-Gesellschaft und die Benz & Cie. zwei Jahre später zu einer »Interessengemeinschaft« zusammenschlossen.

1902 hatte Daimler die Wortmarke »Mercedes«, 1911 den Dreizackstern eingeführt. Ab 1923 gab es den Stern im Ring als Kühlerfigur. Durch die 1926 dann besiegelte Fusion von Daimler und Benz wurde von dem Benz-Symbol – dem von einem Lorbeerkranz umfassten Namen Benz – der Kranzreifen übernommen und mit dem Stern vereint. Fortan wurde die Marke zum Kennzeichen überwiegend von Modellen der oberen Mittel- und der Oberklasse. Erste wesentliche Neuerung nach der Vereinigung beider Marken waren die Typen »Stuttgart« und »Mannheim«, beides Sechszylinderwagen, deren stetig verbessertes Prinzip noch für die 170er-Modelle nach dem Zweiten Weltkrieg Pate stand.

Von Daimler-Benz zu DaimlerChrysler

Als freilich ein halbes Jahrhundert später – inzwischen war das Smart-Zeitalter angebrochen – die Firma Daimler-Benz mit dem amerikanischen Chrysler-Konzern zu »DaimlerChrysler« fusionierte und auch Vorstandschef Jürgen Schrempp nur mit Mühe bei dem US-Partner durchsetzen konnte, dass wenigstens noch auf den neuen Aktien das Konterfei des badischen Autopioniers Carl Friedrich Benz auftauchte, mäkelten die Benz-Erben über die ersatzlose

1902 führte Daimler die Markenbezeichnung »Mercedes« ein, nach dem Vornamen der Tochter des Daimler-Vertreters Jellinek (oben).

Nach der Fusion mit Benz 1926 baute Daimler das Modell »Stuttgart«, dessen technische Prinzipien bis in die Nachkriegszeit beibehalten wurden (rechts).

Im Mercedes »Pullman« machten es sich Staatsgäste wie der Schah von Persien oder Königin Elisabeth II. bequem.

Streichung ihres Familiennamens: »Wir haben wenig Verständnis, wie mit dem Erbe umgegangen wird«, klagte der damals 81-jährige Enkel des Erfinders. »Das ist ein Skandal«, fügte Ehefrau Gertrud hinzu. »Schon immer wurden wir von den Stuttgartern so behandelt.« So ganz richtig lagen die Namenserben mit ihrem Vorwurf allerdings nicht. Anfang Mai 1998 hatte nämlich Jürgen Schrempp bei der Vorbereitung der Fusion mit dem Chrysler-Chef Robert Eaton telefoniert, um ein heikles Problem zu lösen: Wie sollte der neue Konzern heißen? Eaton schlug vor: »Chrysler-Daimler-Benz.« Schrempp hielt dagegen: »Daimler-Benz-Chrysler.« Schließlich einigten sich beide auf »DaimlerChrysler«, und Schrempp ließ sich zusichern, dass die Stuttgarter Luxusmodelle auch in Zukunft unter der Marke »Mercedes-Benz« verkauft werden.

Aber auch die Benz-Erben waren mit dem Nachlass ihres Urvaters nicht immer allzu sorgsam umgegangen. Mit der Firma C. Benz Söhne hatten sie in der Mannheimer Vorstadt die Familientradition fortgeführt, und noch heute fertigt das 30-Mann-Unternehmen in dem denkmalsgeschützten Betriebsgebäude Zulieferteile für Mercedes-Lastwagen. Als aber in den sechziger Jahren beim Entrümpeln des Benz´schen Wohnhauses einige Kisten mit handschriftlichen Aufzeichnungen des Erfinders entdeckt wurden, wanderten diese achtlos ins Feuer. Auch die Druckmatrizen für den illustrierten Briefkopf der frühen Benz-Korrespondenz konnten nur zufällig bei einem Mannheimer Schrotthändler vor der Vernichtung bewahrt werden. Das einzige Denkmal des weltgeschichtlich berühmten Mannes steht einsam an einem Autobahnzubringer seiner Heimatstadt, in der sonst nur eine unscheinbare Bronzetafel an einer Garageneinfahrt daran erinnert, dass hier Benz-Ehefrau Bertha zur ersten Überlandfahrt mit einem Auto startete.

Weithin unverständlich blieb indessen, dass beim Smart-Projekt nicht einmal mehr der Name »Mercedes« auftauchte. Als Erklärung mussten Vermutungen herhalten, dass der längst auf teure Autos spezialisierte Konzern vorsichtige Distanz zu dem billigen Kleinwagen halten wollte, jedenfalls so lange, wie der Markterfolg des Winzlings nach »der Aneinanderreihung von Pleiten, Pech und Pannen« (so DIE ZEIT) noch ungewiss war. Ohnehin fragte sich die

Der Mercedes 300 SL mit seinen ungewöhnlichen Flügeltüren gilt noch heute als eines der schönsten Mercedes-Modelle – ein Relikt der guten, alten Automobil-Ära und als Oldtimer heute kaum noch bezahlbar.

Öffentlichkeit, warum sich ausgerechnet der Vornehmste unter den deutschen Automobilherstellern dem Massengeschäft mit Kleinwagen zuwandte. Die Antwort konnte nur lauten, dass das längst zum Technologiekonzern mit zahlreichen Geschäftsfeldern von der Luft- und Raumfahrt bis zum Mobilfunk entwickelte Unternehmen sich auf die zunehmend schwierige Zukunft des Verkehrs vorbereitete. Parkplatzmangel und Stop-and-go-Staus, verschärfte Abgasnormen und Verbrauchsvorschriften waren als Warnsignale nicht zu übersehen. Auch die einfache Rechnung, dass zwar beim Verkauf einer Nobellimousine mehr Gewinn hängen bleibt als beim Absatz von einem Dutzend Kleinwagen, konnte nicht darüber hinweg täuschen, dass es längst einfacher ist, ein Dutzend Kleinwagenkäufer zu finden als einen Interessenten für Luxuswagen.

Außerdem hatte sich Mercedes-Benz in der langen Firmengeschichte wiederholt Ausflüge in Marktnischen geleistet, die vom herkömmlichen Gewinngeschäft abwichen. Während des Ersten Weltkriegs waren beispielsweise Daimler-Flugzeugmotoren der am meisten verwendete Antrieb, und auch das Luftschiff »Hindenburg« flog mit Daimler-Motoren, bis es am 6. Mai 1937 nach der Atlantiküberquerung über dem amerikanischen Flugfeld Lakehurst brennend abstürzte. Benz-Diesel wurden richtungweisend für den Nutzfahrzeugbau. 1948 wurde mit dem »Unimog« eine bis dahin unbekannte Zwitter-Konstruktion aus Schlepper, Arbeitsmaschine und Transporter vorgestellt, eine Vorstufe zu den heute üblichen Geländewagen – neben den Klassikern Land-Rover und Range-Rover. Allein der Kleinwagen fehlte noch als Baustein der vielfältigen Aktivitäten des Konzerns.

Der Mann mit der Plastikuhr

Im Unterschied zu den bislang großen und kräftig motorisierten Mercedes-Modellen ist der Smart ein Zwerg, ganz orientiert am Zweck und der aktuellen Verkehrssituation, also klein, wendig, munter, ökologisch.

Da kam es der mehr an Anekdoten als an der Wahrheit interessierten Öffentlichkeit gerade recht, dass der Erfinder der schweizerischen Billiguhr »Swatch«, der Schweizer Nicolas Hayek, bei den europäischen Automobilherstellern mit seiner Idee eines billigen Kleinwagens anklopfte. Ihm schwebte ein Auto vor, das nach dem Vorbild der »Swatch« einfach, modisch und preiswert sein sollte, außerdem umweltfreundlich und zuverlässig. Als nahe liegende Partner kamen VW und Fiat in Frage. Die Wolfsburger, so dachte Hayek, könnten ihre Preiswert-Flotte durch einen noch kostengünstigeren Mini ergänzen. Tatsächlich hatte VW bereits in den späten Achtzigern gemeinsam mit einem Berliner Ingenieurbüro einen »Öko-Polo« entwickelt, dessen Zweizylinder mit Diesel-Direkteinspitzung 40 PS leistete und mit nur 1,7 Liter auf 100 Kilometer Autobahn auskam. Fiat produziert bis heute – wie DER SPIEGEL höhnte – »teddygesichtige Rappelkisten mit Sackkarrenrädchen und überholtem Motorenprinzip«. Moderner Ersatz hätte den Italienern daher gut angestanden. Doch Hayek kam weder mit VW noch mit Fiat ins Geschäft. Allein bei der schwäbischen Nobelfirma stieß er auf Interesse.

Anders als in der Öffentlichkeit immer wieder behauptet, war es jedoch nicht Hayek, der Daimler-Benz auf die Idee eines Kleinwagens brachte. Vielmehr hatte dort der Cheftechniker Johann Tomforde schon Anfang der siebziger Jahre Skizzen eines City-Flohs zu Papier gebracht. Diese Überlegungen des querdenkerischen Technikers und Designers passten nun zufällig ideal zu Hayeks Überlegungen, die auch austauschbare, verschiedenfarbige Kunststoffbeplankungen der Karosserie einschlossen, mit denen dem Smart binnen einer Stunde in der Werkstatt eine neue Grundfarbe verpasst werden könnte. Darüber hinaus gab noch einige weitere Gründe, weshalb sich der im Grunde biedere und peinlich auf sein Ansehen bedachte Schwabenkonzern zu Beginn der neunziger Jahre mit dem exzentrischen Schweizer Hayek auf eines der größten Abenteuer der jüngeren Automobilgeschichte einließ, ein Auto zu bauen, das kaum länger ist als die Breite von zwei Telefonzellen.

Krise der deutschen Autoindustrie

1993 musste Mercedes im Autogeschäft einen Verlust von 1,2 Milliarden Mark bilanzieren, was für die bislang erfolgsverwöhnten Autobauer ein Novum war. Bei nüchterner Analyse wurde indessen schnell deutlich, dass man sich technikverliebt allzu weit vom Markt und von den Kundenwünschen entfernt hatte. Die Fahrzeuge wurden immer größer und schwerer. Die neue S-Klasse passte nicht einmal

Die A-Klasse, für Mercedes der Einstieg ins Kleinwagengeschäft, wurde inzwischen zu einem internationalen Erfolg.

mehr in Autoreisezüge. Den Managern wurde klar, dass etwas passieren musste, schnell und mehr als in ähnlichen Situationen der Vergangenheit. Die hatten schon Ende der achtziger Jahre die westliche Branche in die Krise getrieben. In einer Studie des amerikanischen Massachusetts Institute of Technology hatte der Experte Daniel T. Jones die totale Überlegenheit der japanischen Konkurrenz ausgemalt und als »die zweite Revolution in der Automobilindustrie« beschrieben. Die deutschen Hersteller rutschten immer weiter ab. Der Volkswagenkonzern musste 1993 einen Verlust von 1,9 Milliarden, Porsche ein existenzbedrohendes Minus von 240 Millionen Mark hinnehmen. VW-Chef Piech verglich die Lage der Branche bereits mit der deutschen Fotoindustrie und Unterhaltungselektronik: »Da wurden ganze Industriezweige vernichtet.«

Doch anders als es sich der Massachusetts-Experte vorgestellt hatte, setzten die deutschen Hersteller zur »dritten Revolution« ihrer Branche an. Sie rationalisierten ihre Fabriken durch, strichen im Management ganze Hierarchie-Ebenen. Von 1990 bis 1996 fielen über 200000 Stellen in der deutschen Automobilindustrie den Sparprogrammen zum Opfer. Bei Mercedes hatte man bereits ausgerechnet, dass die neue A-Klasse in Frankreich oder Tschechien um jährlich rund 200 Millionen Mark billiger produziert werden könnte, als sich die Belegschaft zu einer bis dahin beispiellosen Aktion zusammenfand, indem sie zwei Jahre lang auf ein Prozent Lohnerhöhung verzichtete. Betriebsratschef Karl Feuerstein sah ein, dass es »angesichts der

Konzentration in der Autoindustrie richtig ist, sich rechtzeitig zu positionieren«. Die Aktion konnte nicht verhindern, dass der Smart in Frankreich montiert wird, doch die A-Klasse blieb dem Werk Rastatt erhalten.

Der Smart ist ein Kind der Globalisierung – die gleichen automobilen Sitten und Probleme herrschen in allen Metropolen der Erde.

Als Ferdinand Piech 1993 seinen Job als VW-Chef antrat, befand sich Europas größter Autokonzern am Rande einer Katastrophe. Die Fabriken arbeiteten nur rentabel, wenn sie – undenkbar – zu 100 Prozent ausgelastet waren. Bei der Japan-Konkurrenz reichten bereits 70 Prozent Auslastung. Im Unternehmen galt es, 400 unterschiedliche Gelenkwellen für Vorderantriebe, 72 verschiedene Sonnenblendentypen und 30 Varianten von Hinterachsen allein für das Modell Golf zu vereinheitlichen. Anderes Beispiel: Um die bei den deutschen Herstellern damals übliche, unwirtschaftlich hohe Lagerhaltung zu kappen, zog Porsche-Chef Wendelin Wiedeking einen blauen Arbeitsanzug über den grauen Zweireiher, griff sich einen Trennschleifer und sägte kurzerhand ein hohes Lagerregal auf halbe Höhe ab – ein Vorgang von Symbolcharakter, der den Mitarbeitern zeigen sollte, was sich ändern musste. »Wir arbeiteten nicht wie eine

Autoproduktion, sondern eher wie ein Lagerbetrieb«, erinnert sich heute Wiedeking. Inzwischen wurde die Produktionszeit für einen Porsche 911 von 120 auf weniger als 70 Stunden gesenkt.

Bei Mercedes wurden die Sechs- und Achtzylindermotoren so umkonstruiert, dass ihre Serienfertigung sich um 40 Prozent verbilligte. Anstelle der von den japanischen Konkurrenten Honda, Mazda und Mitsubishi mit hohem Entwicklungsaufwand favorisierten und von den Deutschen unbehaglich beäugten Vierradlenkung entwickelte Mercedes gemeinsam mit Bosch das elektronische Stabilisierungssystem ESP, das ein schleuderndes Fahrzeug durch automatisch dosierte Eingriffe an den Bremsen der einzelnen Räder abfängt. Roadster, Geländewagen und Großraumlimousinen hielten Einzug in die Angebotspalette.

Testfahrten über die mehrfache Strecke zwischen Erde und Mond musste der Smart bis zur Serienfertigung zurücklegen.

Smarts verzögerter Start

Es gehört zur Geschichte des Smart, dass sich Mercedes ausgerechnet in dieser Phase entschloss, in den Kleinwagenmarkt einzusteigen. In alten Mercedes-Zeiten wären die Manager, die ein Modell wie die A-Klasse oder den Smart vorgeschlagen hätten, laut dem für das Pkw-Geschäft verantwortlichen Vorstand Jürgen Hubbert »glatt erschossen worden«. Aber diese Zeiten waren unwiderruflich vorbei. Der Smart entwickelte sich als Kind der Globalisierung, die den deutschen Automobilherstellern den Kostendruck, aber auch die Chancen in Marktnischen deutlich machte. Hatte Mercedes sich bei der gemeinsam mit Partner Hayek 1994 gegründeten Smart-Produktionsfirma Micro Compact Car AG (MCC) noch mit einem knappen Mehrheitsanteil von 51 Prozent beschieden, stieg das Interesse der Stuttgarter Zentrale an dem Projekt in der Folge stetig an. Bei einer MCC-Kapitalerhöhung 1997 zog Hayek schon nicht mehr mit, und sein Anteil an dem Unternehmen schrumpfte auf 19 Prozent. Ein Jahr später stieg er ganz aus, weshalb sich der Spielraum für Mercedes endgültig erweiterte: »Mit dem Namen Smart können wir uns weitere Automodelle vorstellen«, verkündete Vorstandschef Schrempp. »Vieles ist denkbar!«

Noch einmal geriet das Smart-Projekt ins Trudeln, nachdem am 27. Oktober 1997 der französische Staatspräsident Jacques Chirac die in Lothringen angesiedelten Produktionsanlagen als »bedeutende

Investition« gelobt und Bundeskanzler Helmut Kohl den Kleinwagen als »hervorragendes Beispiel für Hochtechnologie Made in Europe« gepriesen hatte. Kurz darauf gab Mercedes allerdings bekannt, der Produktionsstart müsse um ein halbes Jahr verschoben werden. Das Fahrzeug stehe nicht ab Frühjahr 1998, sondern erst im Herbst zum Verkauf. Grund dafür waren Schwächen am Fahrwerk und organisatorische Mängel bei den neuartigen Produktionsanlagen. Nachdem sich wenige Monate zuvor an der ebenfalls von Mercedes neu eingeführten A-Klasse bei Fahrtests peinliche Unzulänglichkeiten herausgestellt hatten und Testwagen beim sogenannten »Elchtest« sogar umgekippt waren, erklärte Firmenchef Schrempp den Smart zur Chefsache. Mercedes sah das ehrgeizige Ziel in Gefahr, mit dem Vorstoß in den bislang von Massenherstellern wie VW, Opel oder Ford dominierten Kleinwagenmarkt die gesamte Fahrzeugproduktion von rund 700000 auf eine Million hochzufahren. Seit den Tagen der Firmenpioniere Daimler und Benz hatte das Unternehmen seine immer etwas höheren Preise mit besserer Qualität und fortschrittlicher Technologie gerechtfertigt. Dieser Anspruch sollte nicht durch einen unausgereiften, vorschnell auf den Markt gebrachten Smart riskiert werden. Inzwischen rollt der Smart auf den Straßen. Und abgesehen von einigen Mäkeleien in der Fachpresse über die ungewöhnliche Form des Winzlings gibt es kaum Klagen. Mercedes hatte seinen Anspruch auf Qualität und Fortschritt wieder einmal gewahrt.

Design-Geschichte:
Wie der Smart entstand

Frage: Wie legt man ein Ei?

Antwort: Indem ein Designer zu seinem Zeichenblock greift und mit wenigen Strichen die Idee für ein Auto, möglichst rund und schön, frei nach seiner Phantasie zu Papier bringt.

So war das wohl einst bei Ferdinand Porsche und dem »Käfer« gewesen...

Beim Smart war es freilich kein Designer, sondern der Entwicklungsingenieur Johann Tomforde, der 1972 bei Mercedes-Benz darüber nachdachte, was zu diesem Zeitpunkt noch lange kein populäres Thema für die Automobilindustrie war: Stadtautos, kleine, wendige Vehikel für den Kurzstreckenverkehr, angepasst an die Parkplatznot, mit zwei Sitzen und einem kleinen, aber für den Alltag ausreichenden Kofferraum. Der britische Mini, seit 1959 auf dem Markt, sollte für Tomforde ausdrücklich nicht als Vorbild herhalten. Es ging auch gar nicht darum, das Auto wirklich zu bauen. Der querdenkerische Ingenieur dachte einfach nur nach, zwar engagiert, aber noch ohne Anspruch auf eine sofortige Realisierung.

Auch auf Details wie Aschenbecher und Getränkedosenhalter wurde bei der Gestaltung des Innenraums geachtet.

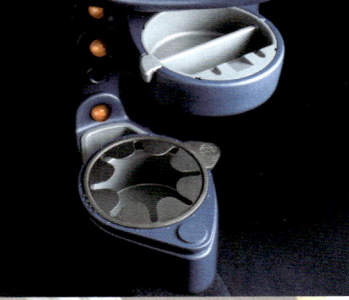

Jahrelang spricht niemand mehr von der Idee. Auch ein ähnliches Stadtmobil, das Anfang der achtziger Jahre diskutiert wird, verschwindet wieder in den Schubladen. Dann, am 4. Juli 1992 in Irvine/Kalifornien, feiert der gesamte Vorstand des Daimler-Benz-Konzerns bei einem Barbecue im Designzentrum den amerikanischen Unabhängigkeitstag. Johann Tomforde hat sich ein besonderes Dessert ausgedacht: den fahrbaren Prototyp eines Stadtautos. Die Chefs sind begeistert und geben grünes Licht für die weitere Entwicklung.

Mr. Swatch will ein Auto bauen

Zufällig fügt es sich, dass in dieser Zeit auch der Schweizer Unternehmer Nicolas Hayek, der mit seiner Firma SMH die Billiguhr »Swatch« erfolgreich produziert, mit einer Idee von einem Einfachauto bei den großen Automobilherstellern hausieren geht. Hayek hatte bereits in den achtziger Jahren Kontakt mit VW aufgenommen. Der Wolfsburger Entwicklungschef Ulrich Seifert in einem Interview mit dem SPIEGEL: »Wir hatten schon lange Kontakt mit der Firma Hayek und der Uhrenholding SMH, die ja nicht nur die Swatch herstellt. Sie produziert beispielsweise kleine Schrittmachermotoren, die wir vielleicht in Tachometer einsetzen können. Und Herr Hayek hat eine Uhrenfertigung, die uns sehr interessiert. Nicht weil wir Uhren bauen wollen, sondern weil es sich um eine höchst rationelle Art der Massenproduktion handelt.«

Hayek wehrte sich allerdings dagegen, immer nur als Uhrenhersteller eingestuft zu werden: »SMH produziert Konsumgüter, die Emotion erzeugen. Und sie ist spezialisiert auf Elektrik und Elektronik.

Farbig und poppig, aber auch praktisch bis ins Detail – etwa für die Unterbringung des Erste-Hilfe-Kastens – wurde der Innenraum gestaltet.

Wir arbeiten mit der Ingenieurschule in Biel zusammen. Das ist eine der besten Schulen für den Automobilbau – nicht für normale Automobile, sondern für Elektro- und Solarmobile. Außerdem arbeiten wir an diesem Fahrzeug mit eigenen Leuten, die teilweise aus der Automobilindustrie stammen. Und schließlich haben viele Unterlieferanten der Autoindustrie für uns Vorentwicklungen gemacht.« Hayek hatte also bereits deutliche Vorstellungen von seinem Wunschauto, als VW und SMH ein Gemeinschaftsunternehmen gründeten, das zunächst eine Machbarkeitsstudie für ein Stadtvehikel erstellen sollte. VW-Entwicklungschef Seifert damals: »Für uns liegt der Reiz, mit Hayek oder SMH zusammenzuarbeiten, auch darin, dass wir uns in der Beschränkung üben können. Wenn man in einem Großunternehmen ein solches Auto entwickelt, geht es auch sehr zart los. Doch dann heißt es sofort: Eigentlich braucht das Auto noch eine Klimaanlage und dann noch eine Lenkhilfe und dann noch dies und jenes. Vielleicht war ein Grund für den Erfolg des Käfers, dass es ihn nur in einer Ausführung gab: gleiche Schalter, gleiche Ausstattung – nur die Farbe war unterschiedlich. Dazu gibt es Parallelen bei unserem neuen Projekt.«

Hayek, der als eigenwilliger Charakter, aber auch als exzellenter Verkäufer gilt, hatte etwas andere Vorstellungen: »Die Botschaft Swatch lautet: viel Qualität, Lebensfreude und Provokation für wenig Geld. Innerhalb von acht Jahren haben 84 Millionen Menschen eine Swatch

gekauft. Und wir haben Passanten in vielen Städten gefragt: Was halten Sie von einem Swatch-Auto? 95 Prozent haben gesagt: Das ist eine gute Idee; wenn es ein Swatch-Auto ist, wird es preiswert und hübsch sein, und es wird eine hohe Qualität haben.« Hayek hatte keine idealistischen Höhenflüge im Sinn. Er sah das Autoprojekt durchaus realistisch: »Es gibt natürlich keine ökologischen Autos. Aber es muss künftig Autos geben, die die Umwelt wesentlich weniger belasten als die bisher angebotenen. Es muss ein Auto sein, das die Umwelt nicht zerstört.« Der damals 63-Jährige sah viele Eigenschaften bereits damals so, wie sie später beim Smart verwirklicht wurden: »In den langen Autoschlangen, die sich morgens in die Städte schieben, sitzt oft nur ein Einziger in einem riesig großen Auto. Deshalb ist es vielleicht sinnvoller, Zweisitzer zu bauen. Zwei Personen müssten Platz darin haben. Auch ein Zweimetermann oder einer mit meinem Umfang muss sich darin wohl fühlen. Und dann sollten noch zwei Kisten Bier oder auch Mineralwasser hineinpassen.«

Die Zusammenarbeit zwischen VW und Hayek lässt sich zunächst gut an. Viel wird diskutiert, skizziert, überlegt. Doch als die theoretischen Überlegungen in greifbare Modelle umgesetzt werden sol-

Auch die weiteren Smart-Modelle – wie das Cabrio – unterscheiden sich deutlich von der herkömmlichen Auto-Optik.

Nahezu jedes Bauteil hat sicherheitstechnische Bedeutung, so etwa die Räder als »Knautschzone«.

len, macht sich die Trägheit des Großkonzerns bemerkbar. Es fehlt unter den Ingenieuren an Begeisterung für das Projekt. Die Hayek-Idee verkümmert. Da ruft der Schweizer, kurz vor Weihnachten 1992, den damaligen Mercedes-Vorstand Werner Niefer an. Der findet die Idee gut. Und schon Anfang Januar 1993 fahren Johann Tomforde und der spätere Niefer-Nachfolger Jürgen Hubbert zu Hayek nach Biel, hören sich an, was er zu sagen hat, und begutachten das Fahrzeugmodell, das er nach seinen Vorstellungen von seinen Betriebstechnikern hat anfertigen lassen. Das Trio wird sich schnell einig. Zur Feier des Tages leeren sie noch eine Flasche Weißwein – die Trauben stammen aus der unmittelbaren Umgebung des SMH-Sitzes.

Offiziell verkündet wird die Zusammenarbeit von Mercedes-Benz und SMH am 4. März 1994 in Stuttgart. Hayek erklärt: »Ohne Partner könnten wir bei SMH nicht mehr als eine Seifenkiste auf die Räder stellen. Mercedes hat keinen Namen gekauft, sondern einen Partner gewonnen!« Mercedes-Chef Helmut Werner setzt die Akzente ein wenig anders: »Wir versprechen uns Wachstum auf einem neuen Markt und bauen auf die Erlebniswelt der Marke Swatch.« Versöhnlich versichert Hayek: »Die beiden Konzerne sind unzertrennlich!« Und in der Presse heißt es mit spöttischem Unterton: »Die Stuttgarter Dickschiffbauer zeigen Mut zur Auto-Mücke.«

Hayek hat indessen zu viel versprochen. Er und seine SMH-Leute verstehen einiges von Autos, aber zu wenig vom Markt. Die jungen Techniker von der Ingenieurschule Biel können eine internationale Top-Position in Anspruch nehmen, wenn es um alternative Antriebe geht, doch Großserien sind nicht ihr Thema. Die handfeste Arbeit am Stadtauto-Projekt machen deshalb Mercedes-Experten. Hayek fühlt sich bald an die Wand gedrängt. Seine Beteiligung von 49 Prozent an dem gemeinsamen Unternehmen rutscht nach einer Kapitalerhöhung auf unter 20 Prozent. Ende 1998 steigt er aus dem Projekt endgültig aus. Bei Mercedes ist man über seinen Abschied nicht gerade traurig. Der exzentrische Schweizer nervte die bodenständigen Schwaben mit fortgesetzten Anrufen und traktierte sie mit immer neuen Ideen. Einige davon aber werden später sogar in die Serienfertigung übernommen, so etwa die austauschbare Kunststoffbeplankung, die es dem Smart erlaubt, während eines kurzen Werkstattaufenthaltes seine Grundfarbe zu wechseln.

Noch kämpft man bei Mercedes mit den Startproblemen. 1994 lässt sich die Smart-Firma MCC im dörflichen Renningen vor den Toren Stuttgarts nieder. Als Designchef Jens Manske dort einzieht, steht er buchstäblich vor dem Nichts. Seine Abteilung besteht aus dem Kollegen Martin Kahl und ihm selbst, das gesamte MCC-Unternehmen aus nicht mehr als 20 Köpfen. Das Design-Duo richtet sich in einem kleinen Büro häuslich ein. Zur Ausstattung gehören zwei Schreibtische, ein selbst gebasteltes Reißbrett, ein kleiner Brennofen für Tonmodelle und jede Menge Kaffeetassen. Innerhalb eines knappen Jahres, so die Aufgabenstellung »von oben«, sollen erste Entwürfe fahr- und entscheidungsreif sein.

Der Smart nimmt Gestalt an

Die Pionierzeit der freien Improvisation weicht einem professionellen Arbeitsklima. Martin Kahl leitet den Bau der ersten 1:4-Tonmodelle. Bis September 1994 sind drei Modelle in Originalgröße fertig, davon zwei mit Vorschlägen für die Innenausstattung. Gemeinsam mit Jürgen Hubbert und Nicolas Hayek wählen die Mercedes-Experten zwei Vorschläge aus. In den nächsten drei Monaten sind sie detailliert auszuarbeiten und zu lackieren. Wieder arbeiten die Designer rund um die Uhr. »Abendessen im Kreis der Familie? Ein Wochenende zum Gleitschirmfliegen oder einfach nur zum Faulenzen? Für einen MCC-Designer der ersten Stunde gibt es nur das Projekt«, heißt es bei Mercedes über die Anfangsphase.

Im Dezember 1994 kommt der Verwaltungsrat wieder nach Renningen und entscheidet sich für ein Designmodell als Basiskonzept. Im Wesentlichen sieht es bereits so aus wie heute ein Smart. Was ihm allerdings noch fehlt, ist ein »Gesicht«. Es gibt noch keine Kühlermaske. Die Scheinwerfer sind noch nicht befriedigend ausgearbeitet.

Fast alles am Smart ist bunt, ein wenig rund, handlich, ohne Aggressivität. Das ist die Design-Sprache eines Autos, in dem man **sich ungeachtet des Stop-and-go-Verkehrs** vor allem wohl fühlen soll.

»Wir mussten Scheinwerfer finden, die mit offenen Augen schauen«, erinnert sich heute der Designer Volker Leutz. »Unser Fahrzeug sollte frech schauen, selbstbewusst und intelligent, sich keinesfalls für seine Existenz entschuldigen, wie so mancher andere Kleinwagen.« Von der Pinwand des Designers schaute damals eine Buldogge herab. Es handelte sich um »Spike«, den liebenswerten Kumpel aus den Tom&Jerry-Comics: Kräftig stützt sich Spike auf ausladende, muskelbepackte Vorderbeine, streckt seine Charakterschnauze in den Wind und wirkt dennoch keineswegs aggressiv. Niemand weiß, wie viel von dieser Darstellung unbewusst in das Smart-Design eingeflossen ist. Tatsache ist aber, dass auch der »Gesichtsausdruck« des Smart von der Fläche unterhalb der Windschutzscheibe geprägt wird. von weit außen liegenden Scheinwerfern und einer Kühlermaske, die wie ein Mund zu lächeln scheint.

Wichtig ist den Designern die so genannte »Charakterlinie«. Sie setzt am Bug oberhalb des Radlaufs an und endet am Heck im Bremslicht. Sie soll das Fahrzeug optisch verlängern. Und damit der Zweisitzer nicht wie ein hinter den Frontsitzen abgeschnittener Viersitzer erscheint, liegt der optische Schwerpunkt weit vorne. Es entsteht der Eindruck von Frontlastigkeit, wie er zu kräftig gebauten Wesen gehört, etwa zu der Comic-Buldogge »Spike«: Der Smart bietet anderen »die Stirn«.

Im Inneren gibt es keine Verkleidungen ohne Funktion. So dient auch die Abstützung unterhalb der Instrumententafel nicht nur der Optik, sondern als Träger für Zubehörteile. »Schalter sollen dort sein, wo sie der menschliche Bewegungsapparat als natürlich empfindet, so angeordnet, dass die Bewegung fließend und logisch bleibt. Instrumente sollen so aussehen, dass nicht sie selbst, sondern die Daten, die sie anzeigen, ins Auge fallen«, definieren die Designer ihre Aufgabenliste. Es geht um Ergonomie, die Wissenschaft von der optimalen wechselseitigen Anpassung zwischen dem Menschen und seinen Arbeitsgeräten. Es geht um Haptik, die Lehre vom Tastsinn.

Die Lösungen sind eindeutig. Der Türgriff: Wo muss er sein, damit man ihn auch bei Dunkelheit findet? Ziehen oder lieber drücken?

Quer oder senkrecht? Umschließt die Hand lieber den Griff, oder setzt sie doch eher die Fingerspitzen ein? Die Smart-Antwort: ein leichtes Kippen, aus den Fingerspitzen heraus, etwas oberhalb der Hüfte, gut zu sehen, gut anzufassen. Oder: Wenn man sich setzt, will niemand aus seiner eigenen Höhe hinunter fallen in ein tiefes Loch, sondern freundlich empfangen werden von einer bequemen Fläche – ganz, als ob der Kellner in einem guten Restaurant den Stuhl unterschiebt. Die Smart-Antwort: nicht einfach Sitze, sondern eine »Sitzanlage« als Teil eines aufwendigen Sicherheitssystems.

Design hat mit Gefühl zu tun, weshalb nicht alle Meinungen übereinstimmen können. Doch wirklich gedankenlos ist kaum ein Smart-Detail entstanden. Der Verstellmechanismus für die Außenspiegel befindet sich dort, wo er benötigt wird, also unmittelbar neben dem Spiegel. Auch Zündschloss und Softip-Schaltung liegen nahe beisammen, denn Starten und Losfahren bilden so eine funktionelle Einheit. Die Regulierung der Heizung ist übersichtlich geordnet und auch für Menschen mit kurzen Armen in Griffnähe. »Er erinnert mich an einen Frosch«, meint später der kanadische Verleger Tyler Brulé über den Smart. Und sein Schweizer Kollege Walter Keller fügte hinzu: »Er löst bei mir eine Mischung aus Faszi-

nation und Beschützerinstinkt aus. Der E.T.-Effekt. Als könnte man ihm über den Kopf streichen und sagen: Die Haare kommen noch.« Und Melanie Ward, beim Fashion-Magazin »Harper's Bazaar« in New York eine der Hohepriesterinnen der Mode: »Sieht aus wie ein Wagen für das nächste Jahrtausend, sportlich und kompakt, mit einem ungewohnt ästhetischen Design. Optimistisch und positiv, man muss lächeln, wenn man ihn anschaut. It's a happy car.«

Die Design-Mannschaft präsentiert das erste originalgetreue Modell dem Verwaltungsrat im April 1995. Es besteht aus Holz und Kunststoff, vermittelt aber bereits einen Eindruck von echtem Raumgefühl. »Wirklich alle waren gekommen«, erinnert sich Jens Manske. »Die Herren nahmen auf einer Seite der notdürftig mit Tüchern abgehängten Halle Platz. Dann legten wir los.« Auf einer provisorischen Bühne kreisten Rollerskater, Akrobaten traten auf, und die Boxen hämmerten einen Bass-Sound. Das Spektakel sollte die Gäste einstimmen, sie in ein jugendliches Umfeld einführen, in dem die Designer ihr Fahrzeug angesiedelt sahen. Und als Jens Manske gegen Ende der Show einen kleinen Elektromotor startete, damit das Modell einige Runden drehen konnte, kam tatsächlich spontane Begeisterung auf: Der Smart erhielt endgültig grünes Licht.

Als Ergebnis zahlloser Crash-Tests wurde der Smart sicherheitstechnisch aufgerüstet. Das gilt auch für den gefürchteten Seitenaufprall oder einen Zusammenstoß mit größeren, schwereren Fahrzeugen. Zwar enden diese Kollisionen häufig mit einem Totalschaden für das Fahrzeug, doch mit guten Überlebenschancen für die Insassen.

»A happy car« - muss auch »a safe car« werden!

Probleme traten erst auf, als sich Entwicklungs- und Fertigungstechniker längst des Design-Entwurfs angenommen und Gedanken über Konzepte und Materialien gemacht hatten. Wegen der kurzen Bauweise wurde eigens ein Dreizylindermotor entwickelt, der – unterhalb des kleinen Kofferraums im Heck platziert – einen wichtigen Fortschritt für die Crashsicherheit bedeutete. Selbst bei extremen Aufprallgeschwindigkeiten von etwa 65 km/h sollten dadurch die Insassen wirksam geschützt werden. Als Kernelement der aufwendigen Sicherheitstechnik war zwar die stabile Karosseriezelle mit ihren großzügig bemessenen Quer- und Seitenträgern vorgesehen, doch schützen sollten weitere Bauteile: der doppelte Boden in Sandwichbauweise, in dem alle wichtigen Aggregate, so etwa Getriebe und Motor, untergebracht sind. Bei einem Frontalzusammenstoß schwingt diese Antriebseinheit rund zehn Zentimeter nach vorne und wirkt damit dem anschließenden Rückprall des Fahrzeugs entgegen. Die Räder sind in den Deformationsprozess einbezogen, gezielt verformbar und wirken vor allem bei höheren Kollisionsgeschwindigkeiten als zusätzliche »Knautschzone«.

Fahrer und Beifahrer sitzen rund 20 Zentimeter höher als in anderen Fahrzeugen – und damit außerhalb der Stoßebene auch eines mittelgroßen Unfallgegners. Der trifft, von der Seite kommend, wegen des kurzen Radstandes des Smart meist eines der Räder.

Schutz bieten auch die Sicherheits-Integralsitze, deren Rücklehnen mit Stahlblech verstärkt und weit nach oben gezogen sind. »Wird der Smart von hinten gerammt, verformt sich der Sitz unter dem Gewicht der Insassen und vernichtet so Stoßenergie«, erklärt MCC. Selbst bei einem Überschlag bleiben die Insassen fast mit den Sitzen verbunden. Die Fullsize-Airbags, Gurtstraffer und Gurtkraftbegrenzer entsprechen den Reaktionsabläufen bei einem Unfall und stellen gemeinsam eine Art »Insassenbremsweg« dar: Bevor die Gurtkräfte zu groß werden, geben die Gurtkraftbegrenzer kalkuliert wieder nach. Die Insassen treffen dann auf die inzwischen entfalteten Airbags.

Für den Fahrer vergrößert sich, falls erforderlich, der persönliche Bremsweg noch durch die sich teleskopartig zusammenschiebende und energieabsorbierende Lenksäule.

Energie absorbierende Lenksäule, Airbags, Integralsitze und Gurtsysteme gehören auch beim offenen Smart zu wichtigen Sicherheitselementen.

Doch diese ehrgeizige Planung schien plötzlich überholt, als 1998 Mercedes mit der A-Klasse in die Schlagzeilen geriet. Beim so genannten »Elchtest« – dies die Bezeichnung für das Ausweichmanöver vor einem unvorhergesehenen Hindernis wie beispielsweise einem über die Straße trabenden Elch – waren Testwagen wiederholt ins Straucheln geraten und umgekippt. Das Hochbauprinzip, bei dem die Insassen über allen Aggregaten sitzen und das auch den Schwerpunkt nach oben wandern lässt, schien mit unvertretbar hohen Risiken verbunden. Mercedes musste die A-Klasse durch ein aufwendiges und teures elektronisches Stabilitätssystem nachbessern.

Aber auch der Smart kam nicht ungeschoren davon. Unter dem Eindruck des kritischen Klimas erinnerte sich Jürgen Hubbert mit einigem Unbehagen an das »Gokart-Handling« der unpräzisen Lenkung der ersten Smart-Prototypen. Bei hohen Geschwindigkeiten hatte sich diese Auslegung als zu heftig und für ungeübte Fahrer als gefährlich erwiesen. Auch dass die automatische Kupplung beim Anfahren nur träge anspreche, war nun zu hören. Selbst wenn der Fahrer voll auf das Gaspedal steige, setze sich das Fahrzeug nur schleppend in Bewegung, hieß es. Ausschlaggebend waren jedoch die Elchtest-Erfahrungen mit der A-Klasse und die damit verbundene Erkenntnis, dass der noch kürzere und ebenfalls hohe Smart noch kippanfälliger sein müsse.

Als sich bei internen Gesprächen außerdem herausstellte, dass Cheftechniker Johann Tomforde – längst zu »Mr. Smart« stilisiert – die Firmenbosse nur unvollkommen über Schwierigkeiten und Risiken informiert hatte, zog Jürgen Schrempp die Notbremse: Am 18. Dezember 1997 verkündete der Konzernchef, mit der Markteinführung des Smart im März 1998 werde es nichts werden. Wegen technischer Nachbesserungen müsse der Termin auf den Oktober 1998 verschoben werden.

Die Botschaft schlug bei den Smart-Leuten gleich einer Bombe ein. Nach Monaten hektischen Vorwärtsdrängens und engagierter Arbeit wirkte die Terminverschiebung nicht nur schmerzhaft, sie kam auch einem Urteil gleich, dass aller Eifer umsonst gewesen und letztlich ein unverkäufliches Fahrzeug entstanden sei. »Wir hatten tagelang das Gefühl, als wären wir gegen eine Wand gelaufen«, beschreibt einer der MCC-Mitarbeiter die Reaktion. Die Vermutung machte die Runde, der energische und auf Gewinne bedachte Schrempp habe wohl das endgültige Aus des Smart-Projekts im Visier. Ohnehin reichten die Anfänge des Projekts in die Zeit des inzwischen abgetretenen Daimler-Chefs Edzard Reuter zurück, der den Konzern vom Automobilhersteller zum Technologieunternehmen mit rund drei Dutzend

verschiedenen Sparten umgebaut hatte. Schrempp sah nun seine Aufgabe darin, Fehler dieser Expansionsphase zu korrigieren und das Unternehmen gewinnträchtig auszurichten und zu konzentrieren. Hinzu kam die anstehende Fusion mit dem amerikanischen Chrysler-Konzern, der mit einem Aktientausch verbunden war und eine glänzende Daimler-Bilanz als Gegengewicht zu dem US-Partner voraussetzte. Unvergessen war überdies in der Chefetage das Jahr 1993, als der Konzern mit fast 1,2 Milliarden Mark in die Verlustzone geraten war – für Schrempp eine Warnung, wie schnell allzu hochfliegende Pläne mit einer finanziellen Bruchlandung enden können. Niemand hätte sich wirklich gewundert, wenn Schrempp das »Abenteuer Smart« damals beendet hätte. Bis heute hat der Vorstandschef sich nicht darüber geäußert, ob er wirklich daran dachte. In der Öffentlichkeit lächelte er auf entsprechende Fragen nur nichtssagend, zuckte mit den Schultern oder brummte: »Ich verstehe die Frage nicht.«

Smart - or no Smart? Das ist die Frage ...

Sicher ist, dass der Smart damals auf der Kippe stand. Doch Mercedes hätte mit dem Rückzug zugleich das Scheitern einer zwanzig Jahre lang entwickelten Sicherheitsphilosophie eingestanden. Denn so lange beschäftigen sich die Konzerntechniker mit Kleinwagen. Und immer wieder wurden sie verworfen, nicht zuletzt aus Sicherheitsgründen. Die Kleinwagen schienen bei einer Kollision mit einem größeren Gegner ungleich gefährdeter. Andererseits war bei Daimler-Benz schon lange klar, dass man in den Kleinwagenmarkt einsteigen müsste. 1989 analysierte die Unternehmensberatung McKinsey den schwäbischen Autokonzern. Ergebnis: Mercedes muss auch kleinere Autos bauen, da der Löwenanteil der bis zum Jahr 2014 weltweit auf rund 70 Millionen geschätzten Autos auf die Dritte Welt entfallen wird – und dort dürften Luxuskarossen die Ausnahme bleiben.

»Wir mussten uns damals die Frage stellen«, erinnert sich Jürgen Hubbert: »Wollen wir in zehn Jahren so etwas wie Rolls-Royce sein – mit einem freundlichen Angebot zur Übernahme durch einen anderen Konzern?«

Mercedes wollte nicht! Zunächst mit der A-Klasse, dann mit dem Smart wagte man den Einstieg in die Kleinwagensparte. Grundlage dafür war das beim Smart konsequent angewandte Sicherheitsprinzip der stabilen Fahrgastzelle in einer weichen Hülle. Sogar bis in die Nobelklasse schlug die neue Erkenntnis durch: Seit 1995 vollzieht sich bei Mercedes die Abkehr vom bisherigen »Panzerbau«; die Karosseriestruktur der E-Klasse wurde erheblich weicher, und die Knautschzonen verformen sich energieabsorbierend schon bei geringeren Geschwindigkeiten. Beim Smart ließ sich dieses Prinzip buchstäblich mit Händen greifen: »Das kleine Auto ist ein Lehrbeispiel für Sicherheitstechnik, eine harte Schale schützt den weichen Inhalt. Das begreift jeder«, heißt es bei MCC. Hätte Mercedes dem Zwerg das Lebenslicht ausgeblasen, wäre auch ein Werbeträger für die konzernweite Sicherheitsphilosophie baden gegangen.

Wie es dem neuzeitlichen Lebensstil entspricht, wurde der Smart schnell zum Ausdruck einer lockeren, doch zugleich für die aktuellen Verkehrsprobleme aufgeschlossenen Grundhaltung: Man genießt das Leben, bleibt aber auf dem Teppich und fährt deshalb eine Nummer kleiner.

Nicht zu retten war allerdings Johann Tomfordes Karriere als »Mr. Smart.« Der Daimler-Vorstand ersetzte den charismatischen Querkopf durch Gerhard Fritz aus dem Nutzfahrzeugbau. Und der hatte gar keine andere Wahl, als den Smart buchstäblich auf neue Räder zu stellen. Inzwischen hatten sich sogar italienische Konstrukteure mit ihren Erinnerungen an ganz ähn iche Probleme während ihrer Kleinwagenzeit zu Wort gemeldet. Der einstige Fiat-Chefkonstrukteur Dante Giacosa erzählte in einem Rückblick auf seine 40-jährige Tätigkeit in Turin von der Erprobung eines Kleinwagens, der dem Smart recht ähnlich war: »Ging man mit hoher Geschwindigkeit in die Kurven, schien sich das Fahrzeug überschlagen zu wollen. Ich war in Sorge, hütete mich aber, darüber zu sprechen.«

Doch das war 1955, und inzwischen hatte sich das technische Arsenal beträchtlich entwickelt. Gerhard Fritz ließ den Smart neu durchrechnen und immer wieder testen. Als Ergebnis wurde er tiefer gelegt, und die Hinterräder wanderten nach der Art breitbackiger Sportwagen um einiges nach außen. Das elektronische Stabilitätssystem TRUST sollte bei allzu waghalsiger Kurvenfahrt die Kupplung automatisch betätigen und die Motorleistung drosseln. Die Branche lobte die Maßnahmen, wertete sie aber auch als Beweis, dass zuvor beim Smart tatsächlich nicht alles zum Besten gestanden hatte. Aber noch immer fällt die Reaktion bei den meisten Automobilherstellern eher unbehaglich aus, wenn vom Smart die Rede ist. Denn der Zwerg lässt niemand gleichgültig. Er erregt Aufmerksamkeit. Er polarisiert: entweder Zustimmung oder Ablehnung, aber nichts dazwischen. Es gibt nicht viele Phänomene, die so klar herausfordern. Und seltsamerweise waren fast alle erfolgreich: der New Beetle von VW oder der Schauspieler Marlon Brando oder die Sonnenfinsternis 1999 ... In einer Gesellschaft, die sonst nur auf Ausgleich und Kompromisse aus ist, die jede Herausforderung als unbequem ächtet, werden überraschend gerade jene Produkte und Ereignisse gefeiert, die sich einen Dreck darum scheren.

Chronologie: Der Zeitablauf der Smart-Entwicklung

Januar 1972	Entwicklungsingenieur Johann Tomforde entwirft bei Mercedes-Benz ein erstes Konzept eines Stadtkleinwagens.
Januar 1989	Nicolas Hayek, Schweizer Hersteller der »Swatch«-Uhr, verkündet öffentlich, er wolle ein Auto mit originellem Design entwickeln.
Januar 1993	Bei Mercedes-Benz wird eine Durchführbarkeitsstudie erstellt.
4. März 1994	Auf einer Pressekonferenz geben Mercedes-Benz und die »Swatch«-Uhrenfirma SMH das Joint Venture zur Produktion eines Stadtautos bekannt.
April 1994	Gründung der Firma Micro Compact Car AG mit Sitz in Biel/Schweiz.
1. Juni 1994	Beginn der Entwicklung des Smart in Renningen bei Stuttgart.
20. Dez.1994	Mercedes-Benz und SMH entscheiden sich für den Produktionsstandort in Hambach/Lothringen in Frankreich.
Dez. 1994	Für die Produktionsanlagen in Hambach wird ein Architektenwettbewerb durchgeführt.
Juni 1995	Beginn der Bauarbeiten in Hambach.
Sept. 1995	Konzeptstudie des Smart wird auf der Internationen Automobil-Ausstellung in Frankfurt öffentlich vorgestellt.
11. Okt. 1995	Baugenehmigung für die Produktionsanlagen in Hambach, »Smartville« genannt, wird erteilt.
14. Okt. 1995	Grundsteinlegung in Smartville.
28. Nov. 1995	Gründung der für die Smart-Produktion zuständigen Firma Micro Compact Car France in Hambach.
Juni 1996	Smart erhält den Europäischen Design-Preis 1996 im niederländischen Maastricht.
18. Juli 1996	Einweihung der Teststrecke in Smartville.
19. Sep. 1996	Einweihung des Zentrums zur Produktionsvorbereitung.
17. April 1997	Vorstellung des Smart City-Coupé vor Journalisten in München.
12. Juni 1997	Einweihung des Smart-Motorenwerkes der Daimler-Benz AG in Berlin.
Sept. 1997	Weltpremiere des Smart City-Coupé auf der IAA in Frankfurt. Fertigstellung von Smartville.
27. Okt. 1997	Einweihung von Smartville.
18. Dez. 1997	Bekanntgabe der Verschiebung der Markteinführung des Smart von März auf Oktober 1998.
1. Juli 1998	Produktionsstart des Smart City-Coupé.
Juli 1998	Fahrvorstellung vor Journalisten in Barcelona.
10. Juli 1998	Start des Smart-Vorverkaufs.
Okt. 1998	Auslieferung der ersten Smart-Fahrzeuge.
Nov. 1998	Daimler-Benz AG übernimmt MCC zu 100 Prozent, die SMH scheidet aus der Zusammenarbeit aus. Geschäftsaktivitäten nach Renningen übertragen.
Sept. 1999	Vorstellung des Smart-Roadster auf der IAA in Frankfurt. Die Entwicklung eines viersitzigen Smart in der Vorbereitung. Andreas Renschler, schwäbischer Mercedes-Mann, wird von den DaimlerChrysler-Konzern bossen Jürgen Schrempp und Bob Eaton als neuer MCC-Smart-Chef nach Renningen bzw. Hambach berufen. Vorgabe: mindestens 80 000 verkaufte Smart pro Jahr.

Smart-Philosophie: Was ist das Besondere am Smart?

»Liebling, verleihen wir das Auto und gehen wir von dem Geld schön essen?« So stellt sich der Berliner Markus Petersen das klassische Frühstücksgespräch der Zukunft unter Autobesitzern vor. Die Grundlage dafür liefert das von Petersen gemeinsam mit seinem Bruder Carsten 1998 in Berlin gegründete Projekt CASH/Car: Wer ein Auto kaufen möchte, sucht sich ein zu der Petersen-Aktion passendes Modell samt Ausstattung aus. Die Brüder kaufen das Fahrzeug und geben es als eine Art Langzeitmietwagen an den Kunden weiter. Anmeldung, Wartung, Reparaturen, sogar Schutzbrief und Unfallersatzwagen übernimmt das Petersen-Duo bei einem Opel Astra für etwa 660 Mark, bei einem Audi A6 für rund 1 000 Mark monatlich. Wenn der Kunde das Fahrzeug nicht braucht, stellt er es der dem CASH/Car-Projekt angeschlossenen StattAuto GmbH zur Vermietung zur Verfügung und erhält dafür die Hälfte der Einnahmen. Inzwischen teilen sich in der Hauptstadt rund 3500 StattAuto-Mitglieder etwa 140 Fahrzeuge unterschiedlicher Klassen. Rund um die Uhr können sie von einer Minute zur anderen bestellt und an einer der 45 Stationen in Berlin und Potsdam abgeholt und wieder zurückgegeben werden.

Innovative Ideen - mengenweise

Längst hat das Beispiel Schule gemacht, und bundesweit gibt es in deutschen Großstädten bereits über 25 000 Autoteiler. Der Vorteil liegt nicht nur für die Nutzer auf der Hand, auch die Umwelt hat etwas davon: Ein StattAuto ersetzt fünf Privatwagen und spart jährlich etwa 42 000 Kilometer ein. »Ausschlaggebend ist für uns, dass die Idee nicht gegen das Auto gerichtet ist und ohne erhobenen Zeigefinger funktioniert. Die Nutzer werden am Eigeninteresse gepackt, und es findet kein schmerzlicher Verzicht statt«, kommentiert Jürgen Petersen – nicht mit seinen Berliner Namensvettern verwandt – von Audi das Projekt, dem der Ingolstädter Hersteller Neuwagen zu Sonderkonditionen liefert und sich damit, sozusagen durch die Hintertüre, einen Markt ökologisch bewusster Kunden erschließt.

Das Beispiel zeigt, dass längst über eine veränderte Nutzung von Autos nachgedacht wird. Auch bei MCC lautete deshalb schon lange vor Produktionsbeginn die Parole: »Eine Smart-Philosophie muss her!« Grundlage dafür waren eine Handvoll harter Fakten, so etwa die Tatsache, dass mehr als drei Viertel aller Westeuropäer unmittelbar in oder im Umfeld großstädtischer Ballungsräume leben. Spitzenreiter sind dicht besiedelte Länder wie Großbritannien oder die Niederlande mit fast 90 Prozent, gefolgt von Deutschland (85%), Frankreich (80%) und Spanien (79%). Etwas niedriger fällt die Rate in Italien (69%), der Schweiz (60%) und in Österreich (54%) aus. Zurückgelegt werden in Ballungsräumen überwiegend kürzere Entfernungen mit Tagesfahrstrecken von weniger als 40 Kilometern. Dabei sind die Fahrzeuge meist mit nur einer, gelegentlich auch mit zwei Personen besetzt, was statistisch einen Durchschnitt von 1,2 Personen ergibt. Das gilt insbesondere für den Berufsverkehr, der in Deutschland rund ein Fünftel des gesamten motorisierten Individualverkehrs ausmacht. Mit zwei Sitzplätzen und einer Höchstgeschwindigkeit von 135 km/h sowie einem eng gestuften Sechsganggetriebe, das gute Beschleunigungswerte erlaubt, ist daher der Smart die genau passende Antwort. Mit einem innerstädtischen Verbrauch von nur 5,8 Litern auf 100 Kilometer

Verbundkonzept: der Smart für die Stadt, die Bahn für lange Strecken.

unterschreitet er den durchschnittlichen Stadtverbrauch herkömmlicher Personenwagen um etwa drei Liter. Zum Vergleich: 1997 lag der durchschnittliche Verbrauch aller Personenwagen deutscher Produktion bei immerhin 9,036 Litern.

klingt wie die schöne Idee von einer heilen, umweltfreundlichen Smart-Welt, von der alle etwas haben, nämlich die Bürger preiswertes Autofahren und der Hersteller hinreichenden Absatz, steckt zwar noch in den Kinderschuhen, zeigt aber erste Konturen. Die Smart-Planer

Weil der Winzling nur halb so viel Parkraum benötigt wie ein Normalauto, gibt es in vielen Parkhäusern bereits verbilligte Smart-Tarife.

Der Hamburger Smart-Händler Hans-Werner Maas geht noch einen Schritt weiter und denkt beispielsweise an besondere, nur auf die kleinen Smart-Abmessungen ausgerichtete Parkhäuser mit Billigtarifen um 40 Prozent unter Normalpreis. An Flughäfen und ICE-Bahnhöfen möchte er in Zukunft ganze Smart-Flotten bereitstellen, jedes Fahrzeug einschließlich Navigationscomputer und Handy. Sogar Eigentumswohnungen könnten nach dieser Vorstellung in Zukunft inklusive Smart-Parkplatz angeboten werden. Und irgendwann sind auch noch besondere Smart-Führerscheine für 16-Jährige denkbar. Was

denken an ein ganz neues »Mobilitätskonzept«, das aufräumt mit der herkömmlichen Vorstellung, dass jeder Auto fahrende Bürger nun mal sein Auto kaufen muss. Wie etwa in einigen deutschen Städten bereits Experimente mit »öffentlichen Leihfahrrädern« gestartet wurden, die für fünf Mark an einem der zahlreichen, übers Stadtgebiet verteilten Sammelplätzen übernommen und am Ziel wieder zurückgegeben werden können, so wäre auch ein Smart-System vorstellbar: In Stuttgart, Frankfurt, Zürich und einigen anderen europäischen Großstädten bieten die Verkehrsbetriebe bereits den Smart als individuelle

Ergänzung zum öffentlichen Verkehr zu einem preisgünstigen Leih-
ticket an. Und das funktioniert auch umgekehrt. In der Schweiz haben
Smart-Fahrer die Möglichkeit, ein Eisenbahnticket zum halben Preis
einschließlich Zugang zu einem der rund tausend Carsharing-Smarts

Noch steht diese Entwicklung am Anfang, noch ist ihr Erfolg ungewiss.
Doch zweifellos genügt es heute nicht mehr, einen Kleinwagen auf
die Straße zu stellen und mit Benzinersparnis und Parkplatzvorteilen
zu werben, dabei jedoch auf die Zweit- und Drittwagenkäufer zu

Im Autoreisezug der Deutschen
Bahn wird der Smart zum halben
Preis transportiert. Wer ohne Auto
mit der Bahn reist, kann in Zukunft
mit der Fahrkarte einen verbilligten
Leih-Smart buchen.

am Zielort zu erwerben. Ähnliche Projekte werden entlang der
Strecken von Fernverkehrszügen erprobt. So stehen an den Stationen
des deutschen ICE-Sprinters oder des internationalen »Thalys« in Paris,
Brüssel, Amsterdam und Rotterdam mit der Fahrkarte gebuchte
Smarts bereit. Im Autozug der Deutschen Bahn wird der Smart zum
halben Preis transportiert. In zahlreichen Parkhäusern werden Billigta-
rife für den Winzling eingeführt. Und damit auch das geldharte
Geschäft nicht zu kurz kommt, nutzt Mercedes den Zwerg als Lockvo-
gel für Kunden des Autoverleihers Avis, wo Smart-Fahrer bei Bedarf zu
Sonderkonditionen ein größeres Fahrzeug mieten können. Auch das
Berliner Carsharing-Projekt könnte noch kostengünstiger mit Smart-
Fahrzeugen betrieben und ausgeweitet werden.

schielen. Die Verkehrsverhältnisse sowie die ökologischen Notwen-
digkeiten signalisieren zumindest in den dicht besiedelten Regionen
Mitteleuropas den Abschied von herkömmlichen Denkmustern. Ganz
langsam keimt das Verständnis für ein Verbundnetz von öffentlichem
Langstrecken- und individuellem Nahverkehr. Denkbar sind beispielsweise ICE-Bahnsteige, die direkt mit dem Stadtflitzer aus dem Carsha-
ring-Pool angefahren werden können. Die Stadtwagen müssten nach
Gebrauch nicht einmal zwingend zu zentralen Sammelstellen zurück-
gefahren werden. Es würde genügen, das Fahrzeug irgendwo am
Straßenrand abzustellen, wo ein elektronisches Signal seine Verfüg-
barkeit ausstrahlt und es von einem mobilen Sammeltrupp abgeholt
wird – ganz nebenbei auch Chancen für neue Arbeitsplätze.

Es wird eng auf der Erde – Platz für den Smart!

Solche Überlegungen haben nichts mit politischem Gedankengut grüner Weltanschauung zu tun. Sie sind ausschließlich eine Reaktion auf die realen Verhältnisse in den Städten und auf den Straßen. Unlängst wurde die Geburt eines kleinen Bosniers gefeiert – des sechsmilliardsten Erdenbürgers! Sechs Milliarden Menschen, das bedeutet, dass in Zukunft rund fünf Milliarden in Städten oder deren unmittelbarer Umgebung leben werden. Wenn nur jeder Fünfte davon ein Auto besitzt, ergibt das rund eine Milliarde Kraftfahrzeuge. Mehr als halb so viel sind es bereits. Die Grundfläche jedes Autos beträgt mindestens sechs Quadratmeter, einschließlich des notwendigen Bewegungsspielraums sogar rund 30 Quadratmeter. Aber in dicht bevölkerten Städten kann jeder Einwohner kaum mehr als 15 Quadratmeter Lebensraum beanspruchen, davon neun Quadratmeter als reine Wohnfläche, den Rest für Parks, Kinos, Ämter, Restaurants und Straßen. Mithin bleibt für die Menschen nur halb so viel städtischer Lebensraum wie für den Verkehr – absurd und ein deutlicher Hinweis auf notwendige Veränderungen.

Nun sind aber Veränderungen nicht sonderlich populär. Den meisten Menschen genügen bereits jene Veränderungen, die am Arbeitsplatz, durch die Politik, durch Reisen, Modetrends und technischen Fortschritt auf sie einstürmen. Und doch wird die Notwendigkeit von Veränderungen durchaus bereitwillig akzeptiert, wenn sie nur

Natürlich ist der Smart ein Auto. Aber er steht auch für ein System, das individuelle Kurzstrecken mit öffentlichem Verkehr kombiniert: der Smart als Leihwagen an Bahnhöfen, Airports, für Carsharing-Projekte.

Der Smart als möglicherweise letzte Gelegenheit, sich so zu bewegen wie man will? Noch ist es nicht so weit. Weil aber Stadtbewohnern schon heute weniger Wohnraum als Verkehrsfläche zur Verfügung steht, ist die Zeit zum Umdenken gekommen.

schlüssig erklärt und begründet werden. Niemand konnte sich beispielsweise noch vor 20 oder 30 Jahren vorstellen, dass die Bürger zur Mülltrennung bereit wären. Die erfolgreiche Einführung des Katalysators als eines Bauteils, ohne das kein Auto mehr für den Straßenverkehr zugelassen wird, belegt ebenso die Bereitschaft der Menschen, sich auf Neuerungen einzulassen. So wird sich auch der Straßenverkehr verändern, und möglicherweise ist der Smart ein erster Schritt in diese Richtung.

»Wie steht es dann aber mit dem immer wieder betonten ›Freiheitsgefühl‹ der Mobilität, die uns das Auto schenkt?« fragt der Schriftsteller und Hochschullehrer Frederic Vester, bekannt durch zahlreiche kritische Veröffentlichungen zur Notwendigkeit, das menschliche Leben stärker in Übereinstimmung mit der Natur zu organisieren. »Läuft nicht ein Auto heute fast nur noch auf eingeschienten Straßen, mit vorgeschriebener Richtung, Halte- und Fahrsignalen und weichenähnlichen Abzweigungen? Wie spielt sich das, was wir Verkehr nennen, in lebenden Organismen ab? Nehmen wir zum Beispiel die in einer Zelle hergestellten Materie-

teilchen und ihre Reise zum Zielort. Zunächst wandern sie mit der Kraft individueller Energieprozesse durch Membranwände und treten durch Gefäßverästelungen n den Blutkreislauf über. Dann setzen sie ihren Weg jedoch nicht mehr mit eigener Energie fort, sondern gliedern sich in den Blutstrom ein, den sie an bestimmten Stellen als ›Individualfahrzeug‹ wieder verlassen. Wir beobachten also im Organismus etwas sehr Eigentümliches: dass sich Individualverkehr und Massenverkehr ständig ineinander umwandeln. Das hilft uns einen alten Irrtum auszuräumen, dass nämlich Massenverkehr immer öffentlicher Verkehr sein müsse und Individualverkehr immer mit Privatverkehr gleichzusetzen sei.« Der Smart bewegt sich genau auf diesem Grat, vorausgesetzt es gelingt, rund um den kleinen Flitzer ein System zu organisieren, das nicht allzu viel von der gewohnten Autofahrerfreiheit einengt und zugleich aufräumt mit dem von unbenutzten Autos zugeparkten Straßenbild. So betrachtet, ist der Smart viel mehr als ein simpler Kleinwagen. Er könnte der Anfang einer neuen Etappe in der Geschichte des Automobils sein.

Produktion: Die ganz eigene Art der Smart-Fabrik –

oder: Eine eigenwillige Fabrik für den eigenwilligen Smart

»Was wollen Sie hier?« herrschte der Arbeiter im Blaumann den Manager respektlos an. Der Boss im feinen Nadelstreifen war Harald Bölstler, Leiter des Smart-Werkes im lothringischen Hambach, der Blaumann nur Mitarbeiter der Zulieferfirma VDO. Doch Bölstler entschuldigte sich. Die Fabrik gehört zwar Micro Compact Car (MCC), einer Tochterfirma des DaimlerChrysler-Konzerns, der den langjährigen Mitarbeiter an die Front eines der ungewöhnlichsten Industrieabenteuer geschickt hat. Aber dass die Produktionshallen MCC gehören, hat hier wenig Bedeutung. Ebenso wichtig sind die Zulieferer von Bauteilen, in herkömmlichen Autofabriken untergeordnete Erfüllungsgehilfen und gnadenlos von der Order des Markenherstellers abhängig. Doch in Hambach, wo das an eine Dose auf vier Rädern erinnernde Gefährt hergestellt wird, ist alles anders. Die klassische Rollenverteilung zwischen Hersteller und Zulieferer gilt nicht mehr. Die Vertreter der Zulieferanten sind selbstbewusste Manager, die keine Hemmungen haben, auch dem »Ober-Chef« ihre Meinung zu sagen.

Die Hälfte der Hallen, insgesamt 20 mit über 130 000 Quadratmetern, sind an zwölf Lieferfirmen vermietet, die rund 400 Millionen Mark, fast so viel wie MCC, in die neue Fabrik investiert haben. In eigener Regie entwickeln und fertigen sie wesentliche Teile des Smart. Zwischen MCC und diesen sogenannten »Systempartnern«, darunter VDO und Bosch, Eisenmann, Krupp-Hoesch oder Dynamit-Nobel, spielt Harald Bölstler die Rolle des Koordinators. Er ist nicht mehr der Alleinherrscher über die Autowerker, denn die Lieferanten haben eine Vielzahl von Arbeiten übernommen, die in herkömmlichen Werken der Hersteller selbst durchführt. »Hier in Hambach haben wir keine Kundenberater-Beziehung

In »Smartville«, im lothringischen Hambach gelegen, wurde die Produktion anders als bislang üblich organisiert – schneller, partnerschaftlicher, effizienter, billiger und umweltschonender.

Schadstoffe fallen kaum noch an und werden, etwa bei der mit modernen Pulverlacken arbeitenden Lackierung, in der werkseigenen Kläranlage abgefangen.

so oft im Leben, auf die Mischung an. Bei den Mitarbeitern, da brauchen wir die Jungen, Dynamischen ebenso wie die Älteren, Erfahreneren. Wir wollten ein Auto, das Spaß macht, wendig ist, ein sicheres Fahrgefühl vermittelt, ein Fahrzeug mit ganz eigenen, sehr charakteristischen Eigenschaften. Ich bin überzeugt, dass wir diese Aufgabe bestens gelöst haben.« VDO liefert nicht einfach Tachometer und Armaturen, sondern entwickelt und montiert sie zum kompletten Cockpit. Der kanadische Magna-Konzern presst die Bauteile und schweißt sie zur Karosserie zusammen, die anschließend in der Lackieranlage bei Eisenmann das Farbbad durchläuft.

Kaum 1800 Beschäftigte zählt das ganze Unternehmen, einer der größten Vorteile der neuen Organisationsform. Harald Bölstler musste sich bei Mercedes manche spöttische Bemerkung anhören, als bekannt wurde, dass er den Job als Werksleiter übernahm: Unter vielen Daimler-Werkern galt ein Fabrikdirektor nur etwas, wenn er mindestens 20 000 Beschäftigte befehligt. Aber diese Denkweise ist längst überholt.

»Roboter!« lautete noch vor kurzer Zeit das Stichwort, wenn es um Kosteneinsparungen von Industrieproduktion ging. Seit VW in den siebziger Jahren eine Montagehalle der Öffentlichkeit vorstellte, in der menschliche Handgriffe die Ausnahme waren, während »Blechknechte« die Bauteile verschweißten, nieteten und pressten, galt die elektronische Produktion als wichtigster Baustein einer rationellen Fertigung. Freilich gab es auch skeptische Stimmen. So macht bei Mercedes die hoch automatisierte Motorenmontage kaum fünf Prozent der Lohnkosten aus, zu wenig, um sich allein auf teure Roboter zu stützen. Als wirksamer stellte sich ein intelligentes Management heraus. Im VW-Werk Emden gilt der Montagestart der dritten Pas-

mehr zur MCC, es ist eine Partnerschaft, die auch Höhen und Tiefen verträgt«, verkündet Georg Engler von der für die Informationssysteme verantwortlichen Firma Andersen Consulting. »Keiner der Partner von Smart kann sich nur auf seine Erfahrung verlassen, weil hier wirklich alles neu ist«, ergänzt Ralf Becker, der bei Panopa Logistik für den internen Werksverkehr zuständig ist. Ein Beispiel für die Begeisterung unter den Mitarbeitern präsentierte der 41-jährige Helmut Bender, Projektleiter Getriebe, der sich 14 Tage Urlaub nur zu dem Zweck nahm, seine Idee eines sequenziellen Sechsganggetriebes zu Papier zu bringen: »Mit dem Ergebnis dürfen wir zufrieden sein. Es ist das erste der Welt, das in einer größeren Serie produziert wird.« Und Wilhelm Kroninger, bei MCC verantwortlich für das Gesamtfahrwerk, urteilt über die ungewöhnliche Arbeitsteilung: »Es kommt, wie

In Smartville organisieren die Zulieferfirmen sowohl Montage wie auch Weiterentwicklung eigenständig, während sich die Smart-Mannschaft auf die Koordination konzentriert.

Qualitätskontrolle und Lagerhaltung schlugen erheblich zu Buche. Bei Besuchen in Japan lernten deutsche Automanager, dass es auch anders geht. Porsche-Chef Wendelin Wiedeking beobachtete 1992 erstaunt, dass bei Toyota höchstens ein halbes Dutzend Einbauteile zugleich zum Montageort geliefert wurden. Erst nachdem sie eingebaut waren, gab es Nachschub. Passte ein Teil nicht, musste der Arbeiter unverzüglich die Ursache feststellen, notfalls auch das Montage-

band stoppen. Der betreffende Zulieferer wurde dann sofort über die Schwachstellen informiert.

Inzwischen hat sich die Rolle der Zulieferer auch in Deutschland gründlich gewandelt. Heute werden in keinem deutschen Automobilwerk noch Einzelteile einfach angeliefert und ohne Mitwirkung des Zulieferers eingebaut. Geliefert wird auch nicht mehr ein einzelnes Bauteil, etwa Stoßdämpfer oder Scheinwerfergläser, sondern komplett montierte Federbeine oder Beleuchtungsanlagen. Vorbei sind die Zeiten der Vorratshaltung in den Lagerhallen. Nach einem strengen Terminplan versorgt der Zulieferer unmittelbar die Montagebänder.

Im Smart-Werk wurden diese Erkenntnisse noch erheblich weiter entwickelt. »Es gibt bei uns einfach ein Minimum an Hierarchie bei einem Maximum an Ver-

Die Zulieferfirmen sind am Smart-Projekt auch finanziell beteiligt, profitieren also von Gewinnen – weshalb das Produkt ständig verbessert wird.

sat-Generation Anfang der achtziger Jahre noch heute als mahnendes Lehrbeispiel, wie es nicht funktionierte: Türen passten nicht, Schweißnähte waren ungenau, Karosserieteile mussten von Hand nachgebessert werden. Beim Produktionsanlauf der fünften Modellgeneration im Sommer 1996 zeigte sich, was die VW-Werker inzwischen gelernt hatten. Die Produktionsexperten hatten das neue Modell vom ersten Bleistiftstrich im Designstudio bis zur letzten Entscheidung in der Konstruktionsabteilung begleitet und frühzeitig auf Details hingewiesen, die im Interesse einer kostengünstigen Fertigung berücksichtigt werden mussten.

Drittes und wichtigstes Element einer schlanken Produktion ist allerdings die Zusammenarbeit von Werk und Zulieferfirmen. In alten Zeiten kauften Automobilhersteller die benötigten Bauteile auf Vorrat bei verschiedenen Spezialfirmen – Tachometer, Stoßdämpfer oder Türschlösser – und stapelten sie in riesigen Regalen ihrer Lagerhallen. Dort holten sich die Montagearbeiter die benötigten Teile, bauten sie ein, um anschließend abermals Nachschub zu holen. Bei einem Hersteller wie Porsche im Stuttgarter Vorort Zuffenhausen beispielsweise nahmen so die Lagerregale eine Fläche von 40 Prozent der gesamten Motorenmontage ein. Außerdem war eine ständige Qualitätskontrolle der Fremdteile fast unmöglich: Passte ein Teil nicht, holte der Arbeiter einfach passenden Ersatz. Bis zur Rückmeldung über die fehlerhafte Lieferung an die Zentrale konnten Wochen vergehen.

antwortung«, versucht Wolfgang Henseler als Leiter des bei MCC für das Frontmodul und Cockpit verantwortlichen Teams die Besonderheiten zu umreißen. »Am Anfang hatten wir oft Probleme mit Lieferanten, die Teile aus dem Regal nahmen, farbig anmalten und damit schon das Gefühl hatten, sie hätten den Smart-Geist begriffen. Doch wir verlangen einfach viel mehr.«

Ein Gefühl, den Erfolg greifen zu können, macht sich inzwischen im Smart-Werk breit. Die Teile müssen nicht mehr über große Entfernungen transportiert werden, die einzelnen Partner können anfallende Fragen an Ort und Stelle klären. Die Smart-Firma ist zwar von den Zulieferfirmen deutlicher abhängig als bei der früher üblichen Zusammenarbeit, doch bestätigte Firmenchef Bölstler, dass die Systempartner »zahlreiche gute Ideen in die Konstruktion eingebracht haben«. So bestand der Wassertank für den Scheibenwischer bislang aus zwei Teilen, aus dem Tank und einem angeschraubten Schlauch. Die enge Kooperation bei der Entwicklung des Fahrzeugs führte dazu, dass nun Tank und Schlauch aus einem Stück bestehen. Weil die Bodypanels vom Lieferanten direkt beim Werk Hambach produziert werden, ist täglich nur eine Lastwagenfahrt für die Lieferung des Rohmaterials notwendig. Das 20fache Transportvolumen würde anfallen, wenn die Panels, wie normalerweise üblich, komplett angeliefert würden.

In sieben Stunden entsteht ein neuer Smart. Die Endmontage dauert sogar nur noch 4,5 Stunden – internationaler Rekord. »Wir haben mit umfassendem Projektmanagement in einem bislang nicht erreichbaren kurzen Zeitraum eine funktionsfähige Anlage für Kunststoffteile in Hambach errichtet«, erklärt stolz Rolf Schmidt, Geschäftsführer der Firma Dynamit Nobel Kunststoff. Rainer Brenzinger, bei Krupp-Hoesch für den Zusammenbau des Smart-Antriebs verantwortlich, gibt sich selbstsicher: »Wir ziehen das hier voll durch!« Und sein Kollege Lucien Boyer fügt hinzu: »Dass hier die verschiedensten Unternehmenskulturen zusammenkommen, das ist für die Arbeit aller Partner sehr fruchtbar. Es ist auch gut, dass es keine Unterschiede gibt unter den verschiedenen Firmen, die alle am gleichen Strang ziehen.«

Ein Smart wird gefertigt

Voll durchgezogen wird die Smart-Produktion, indem sie in logischen Schritten einem kreuzförmigen Organisationsschema folgt:

1. Die in Sindelfingen ansässige Firma Magna-Autotechnik liefert die Karosserieteile und schweißt sie zusammen. Die fertige Rohkarosse wird in den Anlagen der Firma Eisenmann lackiert.

2. Als nächstes folgt die Montage des aus 107 Einzelteilen bestehenden Cockpits durch den Zulieferer VDO unmittelbar am Montageband – ebenfalls ein Novum, weil bislang kein Automobilhersteller seinen Lieferanten den Zugriff auf die eigentliche Fertigung einräumte.

3. Krupp-Hoesch Automotive sammelt als Dienstleister die Antriebselemente ein – Mercedes liefert den Motor aus Berlin sowie die Achsen aus Hamburg – und fügt sie mit der Karosserie zusammen. Kleinteile steuert der Dortmunder Zulieferer Rhenus bei.

4. »Einrichtungshaus« heißt im Smart-Slang die nächste Station, nämlich die Montage des von Bosch gelieferten Frontmoduls, der von Bertrand Faure stammenden Sitze und der Glaselemente wie Scheiben oder Sonnendach von Happich.

5. Ymos montiert die Türen, und Dynamit-Nobel verarbeitet als einziger Hersteller in Hambach Rohstoffe zu Kunststoffaußenteilen, die ebenfalls jetzt montiert werden.

Die Produktion der kurzen Wege und des fein abgestimmten Zusammenspiels galt zunächst als riskantes Experiment. Es fehlte nicht an Warnungen von erfahrenen Mercedes-Experten, die nicht glauben mochten, dass Materialnachschub und Produktionsprozess zuverlässig miteinander koordiniert werden könnten. Aber Misstrauen begleitete das Smart-Projekt ohnehin von Anfang an. Altgediente Daimler-Mitarbeiter ebenso wie über Jahrzehnte treue Kunden konnten sich nicht vorstellen, dass das Unternehmen der schönen, großen und teuren Autos wirklich erfolgreich ein niedli-

Nach sieben Stunden rollt ein neuer Smart aus den Werkhallen. Die Endmontage dauert etwa vier Stunden – Rekordzeit.

ches, kleines und preiswertes Vehikel bauen würde. »Drückt mir einer meiner Ingenieure so ein Fahrzeug in die Hand«, höhnte VW-Chef Ferdinand Piech, »ist er morgen entlassen!« Und sein Kollege, der ehemalige BMW-Vorstand Bernd Pischetsrieder, überlegte, ob vielleicht »Risiko- und Kapitaleinsatz für die Operation Smart in keinem kalkulierbaren Verhältnis zueinander stehen«.

Die Skeptiker hatten nicht mit der Begeisterungsfähigkeit der Smart-Leute gerechnet. »Am Anfang war ich persönlich ein wenig skeptisch«, erinnert sich Christoph Berger von Bosch. »Ein neues Konzept, ein neues Werk, ein neues Auto! Doch mittlerweile bin ich überzeugt, dass Hambach die Zukunft darstellt.« Stefan Elsässer von der für die Logistik zuständigen Firma TNT: »Es ist schon etwas Besonderes, mehr als hundert Jahre nach der Erfindung des Automobils miterleben zu dürfen, wie eine neue Klasse definiert wird!«

Begeisterung - und eine kleine Revolution

Ein neues Auto mit einer ganz ungewöhnlichen Philosophie, gefertigt in einer neuen Fabrik mit ganz ungewöhnlichen Strukturen – vielleicht ein wenig zu viele Neuheiten und Risiken? »Was soll der Blödsinn«, konterte Mercedes-Chef Jürgen Hubbert, »wenn es schief geht, haben wir einen Abschreibungsbedarf von mehreren hundert Millionen Mark.« Gewiss könnte die Smart-Mutter DaimlerChrysler einen Misserfolg finanziell verkraften. Ohnehin wurde das Projekt so clever geplant, dass bei der Smart-Firma MCC zwar die Fäden zusammenlaufen und die Befehle ausgegeben werden, aber nur ein kleiner Teil des Risikos hängen bleibt.

So fertigt MCC in Hambach nur sechs Prozent der Teile selbst. Bereits bei einer Auslastung von 60 Prozent arbeitet die Fabrik mit Gewinn. Wesentlichen Anteil an dieser in Europa einmalig niedrigen Gewinnschwelle hat die Tatsache, dass im französischen Hambach die Löhne um ein Drittel niedriger sind als in Deutschland und die Arbeitszeiten extrem flexibel gestaltet werden können. Kaum 700 Beschäftigte stehen in Hambach auf der Lohnliste von MCC. Die Mehrzahl der insgesamt rund 1800 Arbeiter und Techniker stehen bei den Zulieferfirmen in Lohn und Brot. Ohnehin wurden die Investitionen für Presswerk, Schweißroboter und Lackieranlagen von den Lieferpartnern bezahlt. Und auch von den rund 450 Millionen Mark, die MCC in Gebäude und Produktionsanlagen steckte, kamen nur etwa 315 Millionen aus den Daimler-Kassen. Ein Viertel steuerte als Gesellschafter von MCC France ein Pariser Bankenkonsortium bei. Rund 140 Millionen kamen aus staatlichen Töpfen als Subventionen. Und die Investitionen für die Vertriebsniederlassungen hielten sich deshalb in Grenzen, weil sich an der Smart-Vertretung interessierte Händler den Zuschlag mit eigenem Kapital erkaufen mussten. Das Leasingkonzept, eine der Stützen der gesamten Smart-Philosophie, wird ebenfalls nicht unmittelbar von MCC finanziert, sondern mit rund 700 Millionen Mark von einem deutsch-französischen Bankenpool angeschoben. Über 70 Standorte hatten sich weltweit um die Produktionsanlagen bemüht, doch den Ausschlag gab nicht zuletzt die deutsch-französische Zusammenarbeit.

»Eine kleine Revolution«, urteilte Mercedes-Chef Hubbert über die Firmenkonstruktion in »Smartville«, wie der Produktionsstandort Hambach inzwischen genannt wird. Kühl kalkuliert Hubbert Vor- und Nachteile: »Selbst wenn wir den Smart einstampfen müssten, hätten wir unglaublich viel gelernt!«

Die in gläsernen Türmen gestapelten Smart werden direkt vom Hersteller an den Kunden geliefert. Händler sind nur noch Vermittler am Bestellcomputer.

Interview mit Smart-Entwicklungschef Dr. Helmut Wawra:
»Der Smart war für mich keine Liebe auf den ersten Blick«

Frage: Seit wann arbeiten Sie für Smart?

Dr. Wawra: Seit Oktober 1998. Im DaimlerChrysler-Konzern bin ich seit 1976 in der Entwicklung tätig.

Frage: Und warum sind Sie von Mercedes zu Smart gegangen?

Dr. Wawra: Weil mich die Aufgabe gereizt hat. In meiner bisherigen beruflichen Laufbahn bei Mercedes habe ich so ziemlich alles kennen gelernt, was ein Automobil ausmacht. Am Ende war ich für die C-Klasse zuständig, auch für die Modelle CLK und CLK-Cabrio. Aber ich hatte zwei gute Gründe, zu Smart zu gehen: Für einen Ingenieur ist es eine deutlich größere Herausforderung, ein kleines Auto zu bauen. Man muss auf beschränktem Raum und mit begrenzten finanziellen Mitteln ein konkurrenzfähiges Produkt auf die Räder stellen. Die Herausforderung als Geschäftsführer besteht in der Vielseitigkeit der Aufgabe. In einem Unternehmen wie Mercedes mit einer Entwicklungsabteilung von rund 8500 Leuten kann man immer nur für Teilbereiche verantwortlich sein. Als Chef der C-Klasse-Baureihe habe ich zwar die Gesamtverantwortung getragen, aber viele andere Bereiche haben an den Entscheidungen mitgewirkt. Bei Smart hingegen habe ich die gesamte Entwicklung in der Hand.

Frage: Was reizt Sie eigentlich an der Smart-Philosophie?

Dr. Wawra: Die Philosophie hat mich zunächst nicht sehr gereizt. Ich hatte andere automobile Wertmaßstäbe. Wenn man bei Mercedes arbeitet, entwickelt man eine spezielle Vorstellung, wie ein Auto aussehen soll. Der Smart weicht davon ab und war deshalb für mich keine Liebe auf den ersten Blick. Das Verständnis und die Liebe zu diesem Automobil musste erst reifen. Meine Entscheidung, zu MCC zu gehen, wurde nicht zuletzt durch die Aussicht bestimmt, das Smart-Programm zu einer kompletten Produktpalette auszubauen.

Frage: Wie schätzen Sie das Risiko des Projekts Smart ein?

Dr. Wawra: Den Smart zu bauen, war ein sehr mutiger Schritt und insofern auch ein Risiko. Es war auch ein Risiko, vorab eine Schätzung der anvisierten Stückzahlen zu veröffentlichen. Die Presse hat uns ja kritisiert, weil wir eine Verkaufszahl geschätzt haben, die bis heute nicht erreicht ist. Ich behaupte aber: Es ist nahezu unmöglich, eine zuverlässige Schätzung zukünftiger Absatzzahlen für ein Auto abzugeben, das sich sein eigenes Marktsegment erst schaffen muss. Inzwischen haben wir eine gute Marktposition erreicht. Es gibt in der Automobilindustrie kaum ein Beispiel, bei dem das erste Modell in einem neuen Marktsegment bereits einen wirtschaftlichen Erfolg erzielte. Nehmen wir etwa die Großraumlimousinen in Europa: Der Renault Espace hat diesen Markt eröffnet. In den ersten beiden Jahren hat er sich mit etwa fünf Bestellungen pro Tag sehr schlecht verkauft. Hätte man die Produktion nach dem ersten Jahr mit der

»Der Smart war für mich keine
Liebe auf den ersten Blick«

»Der Smart hat vier Räder, fährt sauber um die Ecken und verfügt über einige technisch intelligente Lösungen.«

Begründung eingestellt, der Kunde wünsche diese Art von Autos nicht, hätte man offensichtlich einen schweren Fehler begangen. Der Markt für Großraumlimousinen ist in den letzten Jahren mit am stärksten gewachsen. So ähnlich beurteile ich auch die Situation beim Smart.

Frage: Ist der Smart nicht mehr als ein Auto? Ist er nicht eine Auto-Philosophie, ein Beitrag zu einer neuen Art, den Verkehr in den Städten zu gestalten?

Dr. Wawra: Ich denke, man hat zu Anfang diesen Gesichtspunkt zu stark betont und zu wenig berücksichtigt, dass es sich beim Smart um ein sehr unkonventionelles Auto handelt. Wir betonen deshalb heute die intelligente Auto-Idee des Smart und weisen darauf hin, dass es sich um ein Auto für urbane Ballungsgebiete handelt. Er ist

nicht dafür gedacht, um damit von Basel nach Hamburg zu fahren. In manchen Haushalten ist es vielleicht noch nicht einmal das Erstauto. Für viele dürfte ein Umdenken notwendig sein, um sich mit dem Smart anzufreunden: Ich fahre damit ins Büro, meine Frau hat den Mercedes.

Frage: Kann man einen Smart-Fahrer nicht auch als ökologisch besonders bewusst und fortschrittlich betrachten? Als intelligenten Typ, der sich für Verkehrsvernetzung, für das Zusammenspiel von Massen- und Individualverkehr interessiert? Habe ich Sie richtig verstanden, dass Sie auf diese Einschätzung heute weniger Wert legen als bei der Markteinführung des Smart?

Dr. Wawra: Ja, ein wenig haben wir in diesem Punkt unsere Position verändert. Wir sagen heute deutlicher: Der Smart ist in erster Linie ein Automobil. Wir halten die anderen Gesichtspunkte jedoch nicht für unwichtig. Schließlich man kann den Smart an vielen Bahnhöfen für wenig Geld mieten. Die Fluggesellschaft Swissair bietet ihren Passagieren den Smart für einen Tag kostenlos an. All das ist

»Angesichts seines Verbrauchs kann der Smart seinem ökologischen Anspruch voll gerecht werden.«

»Wir sind so weit gegangen, unseren Kunden zuzumuten, sich für den Familienurlaub ein größeres Auto zu mieten.«

Bestandteil dieser Philosophie, aber der Smart hat vier Räder, fährt sauber um die Ecken und verfügt über einige technisch intelligente Lösungen. Sein hoher Sicherheitsstandard stellt sogar den mancher größerer Autos in den Schatten.

Frage: Natürlich verkaufen Sie zunächst ein Auto. Daran verdienen sie. Aber der Smart wurde unter bestimmten Gesichtspunkten entwickelt. Mercedes hat gesagt: Wir wollen mehr als nur ein neues Auto bauen und verkaufen. Wir wollen eine intelligente Lösung für Verkehrsprobleme entwickeln. Wir wollen auch intelligent produzieren. Hat sich dieser Anspruch geändert?

Der Smart – eine Antwort auf aktuelle Probleme ...

Dr. Wawra: Der Smart war zunächst ein Versuch, eine Antwort auf die Verkehrsprobleme in den Städten zu finden. Es ist eine Tatsache, dass die urbanen Ballungsgebiete überlastet sind. 50 Prozent des innerstädtischen Verkehrs dient laut Statistik der Parkplatzsuche. Jedes Auto wird durchschnittlich nur etwa 30 Kilometer pro Tag bewegt und ist im Durchschnitt nur mit 1,2 Personen besetzt. Mancher Architekt würde als Antwort auf diese Situation einfach zum Bau von mehr Parkhäusern und zur Verbreiterung der Straßen raten.

»Der Smart war für mich keine Liebe auf den ersten Blick«

»In der Stadt ist der Smart ideal.«

Wir haben den Smart gebaut: kurz, zweisitzig, sparsam. Wir sind so weit gegangen, unseren Kunden zuzumuten, sich für den Familienurlaub ein größeres Auto zu mieten. Daher haben wir auch dafür gesorgt, dass Smart-Besitzer bei Avis einen Preisnachlass bekommen. Aber wir hören noch heute zuweilen den Vorwurf, der Smart habe nur zwei Sitze. Wenn ich morgens zur Arbeit fahre, sehe ich jedoch in den meisten Autos nur eine Person.

Frage: Könnte es nicht sein, dass Sie eines Tages nach Argumenten suchen müssen, um einen viersitzigen Smart zu rechtfertigen?

Dr. Wawra: Ich bin der Meinung, dass ein Auto für rund 98 Prozent aller Fälle mit nur zwei Sitzen auskommt. Niemand wird auf den Kauf eines Roadsters verzichten, nur weil sich damit kein Kühlschrank transportieren lässt. Bei der Anschaffung eines Esstischs richtet sich dessen Größe nach der Zahl der Familienmitglieder. Für den Fall, dass Gäste kommen, sollte er auch ausziehbar sein. Aber man würde den Tisch nie danach aussuchen, dass bei der Konfirmation des Sohnes in zwei Jahren die ganze Verwandtschaft an diesem Tisch Platz finden soll. Nur beim Autokauf denken viele an jede Eventualität. Der Smart geht da einen anderen Weg. Er ist ein Auto für einen bestimmten Zweck. Wer zweimal pro Woche von Stuttgart nach Hamburg fahren möchte, sollte ein anderes Auto nehmen.

Frage: Der Smart wurde unter vernünftigen, ökologischen Gesichtspunkten konzipiert. Man entschied sich für kleine Abmessungen, um wenig Probleme mit dem Parken zu haben und so weiter. Aber jetzt sagen Sie, der Smart sei mit jedem anderen Auto vergleichbar?

Dr. Wawra: Diese ökologischen Gesichtspunkte haben noch immer Gewicht, sind aber wohl nicht kaufentscheidend. Marktuntersuchungen zeigen, dass nur wenige Kunden bereit sind, unter Umweltgesichtspunkten einen erheblichen Mehrpreis in Kauf zu nehmen. Als die ersten Katalysatoren in Deutschland aufkamen, waren laut Umfragen die meisten Autobesitzer bereit, ihre Fahrzeuge nachrüsten zu lassen. Aber kaum einer hat den Kat dann auch wirklich gekauft.

Frage: Aber wenn man den Menschen mit vernünftigen Argumenten kommt, sind sie doch bereit, diesen zu folgen. Sie wehren sich allerdings, wenn man ihnen nur die Wahl zwischen mehreren unangenehmen Möglichkeiten lässt.

»Wir betonen die intelligente Auto-Idee des Smart.«

»Für einen Ingenieur ist es eine deutlich größere Herausforderung, ein kleines Auto zu bauen.«

Dr. Wawra: Richtig. Nur werden Autos überwiegend auch nach anderen Gesichtspunkten gekauft. Bei Nutzfahrzeugen mag dies zutreffen, weil dort die Wirtschaftlichkeit den Ausschlag gibt. Aber beim Pkw geht es auch um andere Aspekte, um Status, um Fahrspaß. Der Kauf eines Autos ist Ausdruck einer bestimmten Lebenseinstellung, eines Lebensgefühls. Der typische Roadster-Fahrer drückt mit dem Kauf seines Autos aus, wie sportlich und dynamisch er ist oder sein will. Wenn es nichts kostet, ist er auch bereit, sich umweltbewusst zu zeigen.

Angesichts seines Verbrauchs kann der Smart seinem ökologischen Anspruch voll gerecht werden. Bei Dauervollgas auf der Autobahn wird er ihm jedoch nicht entsprechen können. Der Smart hat keinen sehr günstigen cw-Wert, weil er extrem kurz ist und über eine große Stirnfläche verfügt. Je schneller man den Smart fährt, desto stärker wirkt sich dies aus. In der Stadt wiederum ist der Smart ideal.

Frage: Im und um den Smart gibt es zahlreiche innovative Ideen. Welche?

Dr. Wawra: Bei der Entwicklung des Smart sind wir neue Wege gegangen. Wir haben die Fachleute unter einem Dach vereinigt und sie auf die Steuerung des Entwicklungsprozesses konzentriert,

während die eigentliche Entwicklungsarbeit von den Systempartnern erledigt wurde. Die Firma hat mit 30 Personen angefangen. Heute zählt allein die Entwicklungsabteilung 300 Köpfe. In herkömmlichen, größeren Automobilfirmen besteht die Entwicklungsmannschaft aus bis zu 8000 Personen. Zulieferer sind unmittelbar um die Kernfertigung angesiedelt und daran beteiligt.

»Es gibt schon heute im Internet eine Börse für Smart-Teile, etwa für die Außenverkleidungen.«

»Der Smart war für mich keine Liebe auf den ersten Blick«

Aus diesem Grund sind wir in der Lage, das Fahrzeug in rekordverdächtigen 4,5 Stunden zu montieren. Ich denke, die Fertigung in Hambach ist ein Vorzeigeprojekt für eine schlanke Fabrik.

Ebenfalls einmalig ist unser Vertriebskonzept. Es gibt in der Automobilindustrie kein Beispiel, das mit dem einstufigen Vertriebsmodell des Smart vergleichbar wäre. Die Fahrzeuge werden dabei nicht über Großhändler zum Händler und von dort an den Kunden geliefert. Wir bringen das Auto direkt von der Fabrik ins Smart Center. Wenn man in zehn Jahren fragen wird, was beim Smart neu war, dann wird man vermutlich auf die Smart-Türme deuten.

Frage: Die schlanke Produktion, die geringe Fertigungstiefe, das alles wurde nicht zuletzt deshalb organisiert, um Kosten zu sparen. Aber das hindert Sie doch nicht daran, ein modernes, ökologisches Auto zu bauen.

Dr. Wawra: Umweltverträglichkeit lässt sich nur durch technischen Mehraufwand erreichen. Dies hat seinen Preis. Ihn gilt es aus den genannten Gründen vernünftig zu begrenzen. Es wäre keine Kunst, ein 1,5-Liter-Auto zu bauen, wenn der Anschaffungspreis und der Fahrspaß keine Rolle spielen. Wenn man ein

umweltfreundliches Auto baut, das zu teuer ist und deshalb nicht gekauft wird, tut man der Umwelt keinen Gefallen.

Frage: Was passiert mit dem Smart am Ende seiner Lebenszeit?

Dr. Wawra: Wir haben ein sauberes, vorbildliches Recyclingkonzept. Wir können das Auto sortenrein auseinander nehmen. Die Wiederverwertbarkeit des Smart liegt bei über 90 Prozent. Beispielsweise kann man die Außenbeplankungen nach Lösen weniger Schrauben abnehmen. Am Ende bleibt eine Stahlzelle übrig, die gepresst und eingeschmolzen werden kann. Wir haben das Auto nicht nur aus konstruktiven Gründen so entwickelt, sondern auch im Hinblick auf seine Entsorgung. Beides passt zusammen.

Frage: Die Lebensdauer der Bauteile ist unterschiedlich. Gibt es ein Austauschkonzept, etwa indem man die stärker strapazierten Teile nach einiger Zeit austauscht und sozusagen dem Auto zu einem zweiten Leben verhilft?

Dr. Wawra: So weit sind wir noch nicht, weil das Auto noch nicht lange genug auf dem Markt ist. Aber es gibt die Voraussetzungen dafür. Es gibt schon heute im Internet eine Börse für Smart-Teile, etwa für die Außenverkleidungen. Blau gegen Grün, Rot gegen Gelb. Beim Smart dauert praktisch keine Reparatur länger als zwei Stunden. Man löst vier Schrauben und kann den gesamten Antrieb ausbauen. Aufgrund seines modularen Aufbaus können wir die Einzel-

teile problemlos für die Entsorgung trennen. Aber ich wiederhole: Mit dem Argument, dass der Smart umweltfreundlich zu entsorgen ist, kann man ihn nicht besser positionieren. Wir wissen, dass ein Kunde in der Regel nicht bereit ist, für ein ökologiegerechtes Pro-

»Wenn man in zehn Jahren fragen wird, was beim Smart neu war, dann wird man vermutlich auf die Smart-Türme deuten.«

»Der Smart war für mich keine
Liebe auf den ersten Blick«

»Der Kauf eines Autos ist Ausdruck einer bestimmten Lebenseinstellung, eines Lebensgefühls.«

dukt Mehrkosten zu akzeptieren. Ökologiegerechte Produktgestaltung muss im Konzept des Fahrzeugs so integriert sein, dass der Kunde dies quasi zum Nulltarif bekommt.

Frage: Aber ist ein gutes Entsorgungskonzept denn kein taugliches Argument, um gegenüber Wettbewerbern besser abzuschneiden? Haben Sie nicht dadurch Vorteile in Zukunft, wenn Umweltgesetze verschärft und Öko-Bedingungen härter werden?

Dr. Wawra: Die Frage ist, welchen Stellenwert die Umwelt in unserer Gesellschaft hat. Sicher ist, dass ihre Bedeutung steigen wird.

Frage: Wie viele Fahrzeuge können Sie denn jährlich produzieren?

Dr. Wawra: Unsere Fabrik in Hambach hat eine Produktionskapazität von theoretisch 200 000 Fahrzeugen im Jahr. Obgleich diese Stückzahl bedeuten würde, dass wir in drei Schichten und auch

»Wir haben uns überlegt, wie viele Fahrzeuge dieser Art der Markt aufnehmen könnte. Und da ist man auf die Zahl 200 000 gekommen.«

Samstags produzieren. Das ist natürlich Theorie, denn man muss auch die Wartungsintervalle einplanen.

Frage: War die ursprüngliche Prognose, jährlich 200 000 Smart zu bauen, dadurch bestimmt, dass mit dem Auto erst in dieser Größenordnung Geld verdient wird?

Dr. Wawra: Nein, es war umgekehrt. Wir haben uns überlegt, wie viele Fahrzeuge dieser Art der Markt aufnehmen könnte. Und da ist man schnell auf die Zahl 200 000 gekommen. Aber es gibt andere Gründe, weshalb die Zahl etwas hoch ist. Unser Vertriebsnetz ist so schlank, weil wir uns auf die Ballungszentren konzentrieren. Würden wir aufs flache Land gehen, wäre das System weniger effizient. Unser Vertrieb hätte nach meiner Einschätzung einige Probleme, 200 000 Fahrzeuge einschließlich des entsprechenden Service jedes Jahr an

den Kunden zu bringen. Wir werden allerdings in Zukunft stärker mit den Mercedes-Niederlassungen zusammenarbeiten.

Frage: Also gibt es in Zukunft die S-Klasse von Mercedes mit einem Smart als Beiboot?

Dr. Wawra: Nein, beide Marken bleiben getrennt, arbeiten aber stärker zusammen, etwa die Werkstätten. Wir haben in Europa etwas mehr als einhundert Smart Center. Das ist noch zu wenig.

Frage: Womit beschäftigt sich die Entwicklungsabteilung derzeit?

Dr. Wawra: Mit der Erweiterung der Smart-Produktpalette. Wenn man etwa alle acht Jahre ein neues Modell vorstellt, aber nur ein Modell im Programm hat, dann ist das zu wenig. Der normale Verkaufszyklus weist im zweiten Jahr nach oben und sinkt dann langsam ab. Dann wird es Zeit, mit einem neuen Modell nachzulegen.

Frage: Aber ist es nicht schwierig, beim Smart Änderungen vorzunehmen, ohne seine Erscheinung bis zur Unkenntlichkeit zu verändern?

Dr. Wawra: Das ist ja gerade die hochinteressante Aufgabe! Es gilt herauszufinden, was am Smart unverwechselbar ist und was wir unbedingt bewahren müssen, wenn wir ein neues Modell bauen. Wir haben 1999 auf der Automobil-Ausstellung in Frankfurt eine Roadster-Studie gezeigt: flach, anders und trotzdem ein Smart.

»Es gilt herauszufinden, was am Smart unverwechselbar ist und was wir bewahren müssen, wenn wir ein neues Modell bauen.«

»Wir haben 1999 auf der Automobil-Ausstellung in Frankfurt eine Roadster-Studie gezeigt: flach, anders und trotzdem ein Smart.«

»Der Smart war für mich keine Liebe auf den ersten Blick«

Kommentar von Ingenieur Wolfgang Eichholtz
»Ist der Smart ein zukunfts-fähiges Auto?«

Der Smart – ein Auto wie jedes andere ?

»Na klar, was sonst? Der Smart hat vier Räder, Motor und Getriebe, Sitze, Lenkrad, Hupe und alles, was sonst so dazu gehört, nur kleiner, leichter und – für seine Klasse – komfortabler!«

Wie jedes andere Auto rollt der Smart am Ende seines Produktionsprozesses aus dem Werkstor. Aus verhüttetem Eisen, verformtem Kunststoff, vergossenen, verdrahteten und verwebten Materialien ist nach ausgefeilten Fertigungsmethoden ein Produkt entstanden, ein Smart eben. Wertschöpfung nennt man das, wenn aus vergleichsweise preiswerten Rohstoffen ein hochwertiges Konsumgut entstanden ist.

»An Wertschöpfung hängt, nach Wertschöpfung drängt doch alles...«, zumindest soweit die produzierende Industrie betroffen ist. Um die Wertschöpfung zu realisieren, muss das Konsumgut Auto – wie andere Konsumgüter auch – an den Mann / die Frau gebracht werden. Dazu werden mit allen Tricks der Werbekunst die echten, vermeintlichen oder eingeredeten Bedürfnisse geweckt und bewusst gemacht. Aus der natürlichen, angeborenen Bewegungsfreiheit wird »die freie Fahrt für freie Bürger«, selbstredend mit dem eigenen Auto. Da macht der Smart keine Ausnahme.

Von da an geht es bergab – mit der Wertschöpfung. Zwischen dem stolzen Kaufpreis in fünfstelligem und dem Schrottpreis im zweistelligen Bereich erstreckt sich die Lebensdauer, in der die im Produktionsprozess mit Mühe erreichte Wertschöpfung Stück für Stück aufgezehrt wird. Die geschätzten acht bis zehn Jahre für einen solchen Prozess können durch individuelles Zutun, höhere Gewalt – oder durch schnellen Modellwechsel – auch erheblich verkürzt werden.

Für den Autobesitzer summiert sich der jährliche Wertverlust leicht auf 2000 bis 3000 Mark – Betriebswirte sprechen etwas beschönigend von Abschreibung. Mit den Betriebskosten für Benzin, Reifen, Reparaturen und Versicherung kommt schnell ein stolzes Sümmchen zusammen, nach Typ und Klasse in ADAC-Tabellen nachlesbar. Doch eigentlich will das ein Autobesitzer gar nicht so genau wissen – er könnte sich sein Gefährt dann vielleicht nicht mehr leisten.

»Der Verkauf von Neuwagen, gemessen an den Zulassungszahlen, hat im letzten Jahr einen neuen Höhepunkt erreicht«, vermerkt lakonisch die *Wirtschaftszeitung*. Der Trend zum eigenen Auto ist ungebrochen, auch im globalen Maßstab.

Auf der Erde gibt es derzeit etwa 500 Millionen Autos; auf Europa entfallen davon rund 150 Millionen. Allein diese ergeben aneinander gereiht eine Strecke von 750 000 km (15-mal um die Erde oder fast zweimal zum Mond). Wahrlich ein gigantischer Stau, der innerhalb der nächsten zehn Jahre (der durchschnittlichen Lebensdauer eines Autos) verschrottet werden muss!

Apropos Umwelt: Trotz Katalysator, leichterer Fahrzeuggewichte und verminderten Benzinverbrauchs pro Motor steigt der Ausstoß

»Ist der Smart ein zukunftsfähiges Auto?«

»Die Sicherheit wird beim kleinen Smart groß geschrieben. Davon zeugen zahlreiche Crash-Tests.«

von Klimagasen durch den motorisierten Individualverkehr weiter steil an – die schiere Menge neuer Fahrzeuge frisst alle Einsparungen auf.

Der Smart – ein Auto wie jedes andere? ... Weiter so, Deutschland? »Wir erfüllen nur die Forderungen des Marktes; der Kunde ist nicht bereit, für die Umwelt einen Mehrpreis in Kauf zu nehmen«, verlautet aus den Konzernzentralen. Das mag ja sein ... Heute ... Aber morgen? Gehört nicht auch Marktforschung zum Geschäft? Gehören zum Markt neben den Kunden nicht auch Rohstoffe, Ressourcen und Umweltbedingungen?

Dabei ist das alles nicht so neu. Bereits 1988 wurden in der so genannten Ford-Studie Struktur, Funktion, Produkte und Zukunftsmöglichkeiten der Automobilindustrie im Gesamtzusammenhang von Mensch, Umwelt, Verkehr und Gesellschaft untersucht. Aus der Studie ergab sich, ... »dass die Automobilfirmen durch lineares Denken unter Fixierung auf das Produkt zunehmend ein ›Inzucht-Engineering‹ betrieben und ihre eigentliche Funktion vergessen haben, die da heißt: Verkehrsprobleme zu lösen (und nicht welche zu schaffen!)«.

»Der Smart ist Initiator und Teil eines umfassenden Mobilitätskonzepts: smartmove city, smartmove parking, smartmove travelcard, smartmove carsharing, smartmove bahn...«

Frederic Vester vergleicht ganz unverblümt die ständig steigenden Produktionszahlen für Pkw mit einem ungezügelten Krebswachstum. Wissenschaftlich und moderater heißt es im Bericht der Enquête-Kommission: »Eine lineare Weiterentwicklung des bisherigen Mobilitätsverhaltens in der Bundesrepublik Deutschland würde langfristig die Mobilität gefährden. Die prognostizierten Verkehrssteigerungen könnten vom heutigen Verkehrssystem nicht mehr getragen werden.«

Viele heimkehrende Besucher der IAA 1999 in Frankfurt, die im Stau genug Zeit hatten, sich über schnittige Sportwagen und die PS-starken Boliden auszutauschen, können diese Prognose schon jetzt bestätigen.

Die Lösung? »Für den Verkehrssektor dürfte in der Tat eine Neuorientierung sowohl der verkehrspolitischen Herangehensweise als auch der Einordnung von Folgeerscheinungen erforderlich sein...«, bemerkt die Enquête-Kommission auf hoher Abstraktionsebene. Nun soll hier nicht von weitflächiger Siedlungsstruktur oder versäumten Infrastrukturentscheidungen gesprochen werden, uns geht es um das Auto. Welchen Beitrag könnte oder sollte denn das Auto zur Lösung zukünftiger Verkehrs- und Ressourcenprobleme leisten?

Sparsamer Verbrauch

Seit Greenpeace das Auto-Establishment mit dem Dreiliterauto in Unruhe versetzt hat, ist in den Autozeitschriften über diese Thema am meisten zu lesen. Es war der Standardvorwurf der Ökologen: In den »Schubladen der Konzerne« würden »Pläne für Dreiliterautos« liegen. 1995 übernahmen die Autohersteller den Begriff – und jeder pochte auf seine eigene Definition. Für VW musste das Fahrzeug im Schnitt »unter drei Liter« auf 100 km verbrauchen, bei Mercedes »unter 3,5«, bei anderen sollte der Wert »eine 3 vor dem Komma« aufweisen. Für die Technikfreaks geht es um Gewichtseinsparungen durch gewagte Materialkombinationen, neue Motoren, Details um Zündung, Ventile und elektronischer Steuerung.

Haben die abgemagerten Versionen der Automobilhersteller den offiziellen Test hinter sich und können sich mit dem »Dreiliterzertifikat« brüsten, ist es mit dem sparsamen Verbrauch schnell dahin.

»Gewinnen die ›Inzucht-Engineers‹ alter Schule mit ihrer Fixierung auf Stückzahlen, Modellpalette, Modellwechsel – und sei es durch modischen, dem Zeitgeist gehorchenden Schnickschnack – ...«

»Der Kompromiss zwischen Ausstattung und Verbrauch wird letztlich vom Benzinpreis bestimmt.«

Verlängerung der Lebensdauer

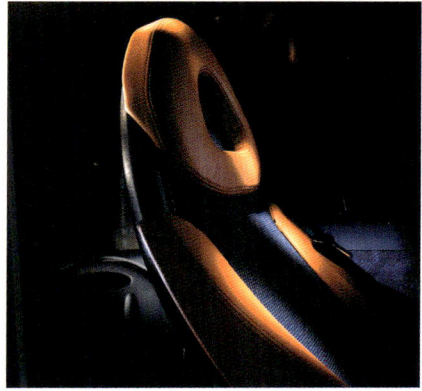

»...oder setzen sich diejenigen durch, die Autos zur Lösung der Verkehrsprobleme mehr reizen als das Styling modischer Blechkleider?«

Da sollte doch folgendes zu denken geben: In der Luftfahrt, einem der technisch anspruchsvollsten Gebiete der Ingenieurwissenschaften, ist die Verlängerung der Lebenszeit durch regelmäßiges Aufarbeiten und Modernisieren von Passagierflugzeugen fester Bestandteil und sicher beherrschte Praxis eines zuverlässigen Flugbetriebes. Abhängig von der Anzahl der aufgelaufenen Flugstunden und / oder Starts und Landungen wird das Fluggerät in den Werften einer gründlichen Durchsicht mit modernen Inspektionsverfahren unterzogen. Dabei werden an Zelle, Triebwerken und Avionik verschleißbehaftete und sicherheitsrelevante Komponenten ausgetauscht. Die Maschine wird insgesamt auf den neuesten Stand der Technologie und die aktuellen Umwelt- und Sicherheitsstandard gebracht.

Beim Auto nicht möglich?

Wolfgang Eichholtz, Jahrgang 1938, hat auf verschiedenen Ebenen im logistischen Management der Bundeswehr und als Generalstabsoffizier in Führungspositionen im In- und Ausland vielfältige Erfahrungen gesammelt. Der Ingenieur gilt als Experte für Zusammenhänge von Ökologie und Materialwirtschaft, technischem Fortschritt und nachhaltiger Entwicklung. Seit mehreren Jahren arbeitet er in der Managerschulung. Gemeinsam mit der Industrie- und Handelskammer Bonn gründete er 1999 das »Logistische Forum« als Plattform für Diskussion, Schulung und Beratung.

Denn die wohlhabende Kundschaft, die sich das Image des Umweltfreundes leisten kann, mag auf die Annehmlichkeiten wie Klimaanlage, elektrische Fensterheber und Servolenkung nicht verzichten. Als Zwischenbilanz lässt sich gleichwohl feststellen, dass an technischen Lösungen kein Mangel ist. Der Kompromiss zwischen Autoausstattung und Verbrauch wird wohl letztlich vom Benzinpreis bestimmt werden oder von gesetzlichen Auflagen. In Kalifornien ist die Forderung nach einem »zero emission«-Auto, also einem Auto mit einem Antrieb ohne jeden Ausstoß an Klimagasen, gesetzlich fixiert. Sie wird wohl auch zeitgerecht erfüllt werden, obwohl die Autokonzerne weiterhin versichern, dass das nicht geht oder dass es sich nicht rechnet.

Produktrecycling

»Modernste Technologien und kürzeste Arbeitsabläufe sind wichtige Faktoren für eine vorbildliche Ökobilanz.«

Um einem weit verbreiteten Vorurteil zu begegnen: Recycling heißt nicht, aus Ketchup wieder Tomaten zu machen. Aber unser Verständnis von Abfall muss sich ändern. In der Natur gibt es keinen Abfall, jeder Abfall ist Nahrung für andere Organismen. Wir müssen uns daher bei allen anfallenden Überbleibseln fragen, für welche Produkte kann dieser »Abfall« Rohstoff sein?

Was soll denn beispielsweise mit den 150 Millionen Autos, die in den nächsten Jahren in Europa verschrottet werden, geschehen? Nach dem Kreislaufwirtschaftsgesetz tragen die Hersteller die Produktverantwortung für ihre Erzeugnisse; sie haben unter anderem die umweltverträgliche Verwertung und Beseitigung der nach dem Gebrauch entstandenen Abfälle sicherzustellen. Die Zielsetzung des Gesetzes ist die Schonung der natürlichen Ressourcen. Was damit gemeint ist, wird an einem Beispiel deutlich. Der gesamte Stoffaufwand für die Herstellung eines eine Tonne schweren Pkw beträgt zwischen 25 und 30 Tonnen. Dies umfasst allerdings die gesamte Produktionskette, angefangen vom Erzabbau bis hin zum fertigen Endprodukt. Der Umweltforscher Schmidt-Bleek hat dafür die griffige Bezeichnung »ökologischer Rucksack« geprägt, den jeder Rohstoff mit sich herumträgt. Bei einer Wiederverwendung der eingesetzten Rohstoffe in einem »zweiten oder dritten Leben« kann der spezifische Stoffaufwand deutlich gemindert werden und damit auch der ökologische Rucksack. Die 150 Millionen Autos stellen so gesehen – richtig genutzt – eine bedeutende Rohstoffquelle dar.

»Der Smart könnte die Antwort auf die Frage nach dem zukunftsfähigen Auto sein.«

Die ersten beiden Produkt-Lebenszyklusphasen – die Produktion und der Gebrauch – standen bisher stets näher im Blickpunkt des Hersteller- und des Kundeninteresses als die restlichen Lebensphasen. Nur wenige Unternehmen haben sich ernsthaft mit der Frage befasst, was im Einzelnen mit den eigenen Produkten geschieht oder geschehen kann, wenn sie der Kunde früher oder später außer Dienst stellt. Doch diese Produkte kehren nun in bisher noch nicht abzusehender Größenordnung aus den Märkten zurück. Da hat der Autoexport-Weltmeister Deutschland wohl noch einiges zu knacken.

Das Product-Lifecycle-Management wird deshalb wohl auch beim Auto fortan als neue Führungsaufgabe erkannt werden müssen. Damit werden die Forderungen nach recyclinggerechter Produktentwicklung, intelligenter Rückführlogistik, zukunftsweisender Recyclings- und Entsorgungsprozesse alle Verantwortlichen zwingen, die ausgetretenen Pfade zu verlassen und das Auto »neu zu denken«.

Übergreifende Verkehrskonzepte

In den Londoner Wettbüros soll es schon Wetten geben, ob die anspruchsvollen CO_2-Reduzierungsverpflichtungen der Länder zum Klimaschutz auch zeitgerecht eingehalten werden. Neben der Industrie und den privaten Haushaltungen steht insbesondere der Verkehr im Zentrum der Betrachtung.

Der Verkehr beansprucht allein für den Fahrzeugbetrieb rund 20 % der 1991 in Deutschland eingesetzten Primärenergien und ist entsprechend an dem Ausstoß von Klimagasen beteiligt. Davon entfallen etwa 85 % auf den Straßenverkehr, mit steigender Tendenz. Wenn also die ehrgeizigen Ziele zur CO2 Reduzierung erreicht werden sollen, muss insbesondere beim Straßenverkehr »gespart« werden. Und da sind wir wieder beim Pkw.

»Wären alle Autos in der Stadt nur 2,5 Meter lang, könnte man auf jeden Parkplatz einen zusätzlichen Baum pflanzen.«

»Über die Lebensdauer lässt sich wenig sagen; sicher ist sie so gut wie bei anderen Fahrzeugen.«

Grundsätzlich können Emissionsminderungen im Verkehrsbereich durch Vermeiden von Verkehrsleistungen, Verlagerungen auf andere Systeme, Steigerung der Effizienz bei den Verkehrsabläufen, sowie durch Aktivierung einer besseren Technik der Systemkomponenten erreicht werden. Wenn wir nicht zu Fuß gehen wollen oder können (Vermeiden von Verkehrsleistungen), wenn die Verkehrsabläufe durch Telematik und die Fahrzeuge durch bessere Technik hinreichend optimiert sind, bleibt als Einsparpotential nur die Verlagerung auf andere Systeme. Zwingende Logik dafür ist die Tatsache, dass der Energieverbrauch pro km und Person entscheidend vom Auslastungsgrad des Verkehrsmittels abhängt. Da hat das durchschnittlich mit 1,2 Personen besetzte Auto gegenüber Bus und Bahn schlechte Karten.

Wie steht es mit der Verlagerung auf andere Systeme?

Untersuchungen über die Zusammenhänge zwischen den Verkehrsträgern Straße, Schiene, Luftfahrt und Binnenschiff zeigen, dass sich bei Änderung der Rahmenbedingungen der Verkehr von einem Verkehrsträger zum anderen verlagert. Man muss kein Prophet sein, um die wie auch immer geartete Änderung der Rahmenbedingungen vorauszusagen. Ökosteuer und Autobahnnutzungsgebühr sind da wohl nur der Anfang.

Forderungen an ein zukunftsfähiges Auto

Nun ist es sicher unfair, das Auto für alle unsere Umweltprobleme haftbar zu machen; es liegt da wohl mehr ein Sack-Esel-Problem vor. Schließlich verkaufen sich die Autos nicht allein, keiner wird gehindert, sein Auto in der Garage zu lassen und zu Fuß zu gehen, Eisenbahnfahrkarten sind für jeden käuflich zu erwerben. Und sicher haben auch die Autokonzerne (teilweise) Recht, wenn sie sagen, ein Auto, das der Kunde nicht will, wird nicht gekauft. Andererseits ist der Käufer auch ein Geschöpf, das erzogen werden kann – und will. Alle Produzenten von Konsumgütern wissen das und lassen sich diese »Erziehung« eine Menge Geld kosten. Nicht umsonst wird der Werbeetat der Wirtschaft in Milliarden gerechnet. Warum nicht Geld für das Propagieren eines »zukunftsfähigen Autos« investieren? Gibt es ein solches Produkt, was können wir darüber wissen?

Ein Auto, das nicht als Produkt von »Inzucht-Engineering« die Verkehrsprobleme verstärkt, sondern löst, müsste sicher folgende Eigenschaften haben: leicht, wenig Flächenbedarf, geringer Ausstoß von Klimagasen, lange Lebensdauer. Es muss sicher und zuverlässig sein. Der Ressourcenverbrauch im Produktleben sollte gering sein: Ressourcen sparende schadstofffreie Produktion, geschlossene

Stoffkreisläufe, Wiederverwendung von Baugruppen, vermehrter Einsatz von Recyclaten. Darüber hinaus sollte es sich leicht in überregionale Transportketten einpassen können, das heißt Bedienung der Fläche, Mehrfachnutzung, Zubringerdienste zu den Knoten der Massenverkehrsmittel.

Ist der Smart ein zukunftsfähiges Auto?

»Na endlich«, werden viele Leser denken, die eigentlich nicht die Probleme der Welt lösen, sondern Informationen über den Smart lesen wollten. Prüfen wir doch mal das Produkt an den Kriterien.

1. Der Smart ist 730 kg leicht, erst mit dem 0,8-Liter-Dieselmotörchen kommt der Smart cdi in den Dreiliterbereich – wie immer dieser definiert ist. Und er ist kurz. Wären alle Autos in der Stadt nur 2,5 Meter lang, könnte man auf jeden Parkplatz einen zusätzlichen Baum pflanzen. In einer Stadt mit 400 000 Einwohnern wären das etwa 50 000 Bäume.
2. Über die tatsächliche Lebensdauer lässt sich noch nicht viel sagen; sicher ist sie mindestens so gut wie bei anderen Fahrzeugen. Wesentlich wird sein, ob eine lange Lebensdauer zum Smart-Konzept gehört, das heißt ob der Autohersteller das will. Wird er die Lebensdauer verlängernde Maßnahmen entwickeln und als Service anbieten oder wird er durch eine aggressive Modellpolitik eher eine künstliche Alterung bewirken?

3. Die Sicherheit wird beim kleinen Smart groß geschrieben: Davon zeugen zahlreiche erfolgreich absolvierte Crash-Tests. Ergebnis: Die Fahrgastzelle bleibt stabil, die Türen lassen sich problemlos öffnen. Beim Drehen des Zündschlüssels wird in Sekundenbruchteilen eine Onboard-Diagnose vorgenommen, werden alle Steuergeräte werden auf Funktionstüchtigkeit gecheckt. Erst wenn alles einwandfrei funktioniert, startet der Motor.
4. Für den Smart wurde mit Industriepark Smartville eine neue, den Materialfluss optimierende Produktionsstätte unter Beachtung ökologisch-ökonomischer Erkenntnisse geschaffen. Biologische Kläranlage, hocheffiziente Wärmerückgewinnung, Fassaden aus nachwachsenden Hölzern – alles muss sich aber auch rechnen; auf Berücksichtigung alternativer Energien beispielsweise wurde bei allem Verständnis für Ökologie verzichtet. Wie zur Entschuldigung ein Begrünungskonzept mit Obstgarten für die Mitarbeiter.
5. Die Systempartner fertigen vor Ort, dadurch entfallen in einzelnen Bereichen bis zu 95 % großvolumiger Transporte zugleich mit den damit verbunden Emissionen. Durch enge Zusammenarbeit wird eine Just-in-time-Produktion ohne zusätzliche Lager erreicht. Durch Verwendung hochwertiger, schadstofffreier Pulverlacke entfallen Lösungsmittel, Emissionen und Lackschlämme. Modernste Technologie und kürzeste Arbeitsabläufe sind wichtige Faktoren für eine vorbildliche Ökobilanz.
6. Die Konstruktionsteile des Smart sind fast vollumfänglich wiederverwertbar. 95 % des Gewichts sollen recyclebar sein, und die Recyc-

»Die Konstruktionsteile des Smart sind fast vollumfänglich wiederverwertbar.«

late sollen bei der Produktion auch verwendet werden – also kein »Downcycling«, um Gartenbänke herzustellen, sondern ein »Upcyceln«, also Wiederverwenden auf gleicher oder höherer Ebene. »Ein perfektes Recycling-System für jeden Smart, der – vielleicht nach 12 Jahren – zu uns zurückkommt«, verheißt der Prospekt. Da wüsste man gerne etwas mehr. Wird hier angedeutet, dass ein vollständiges Produktrecycling angedacht ist, das heißt Demontage, Inspektion, Qualitätsprüfung und auch Wiederverwendung? Das wäre in der Tat revolutionär.

7. Am eindrucksvollsten in Hinblick auf Zukunftsfähigkeit liest sich die konzeptionelle Feststellung: »Unter individueller Mobilität verstehen wir heute schlicht und einfach Auto fahren. Wir möchten das ändern. Smart ist Initiator und Teil eines umfassenden Mobilitätskonzepts. Zur Zeit werden in den Smart-Ländern Europas Projekte mit leistungsfähigen Partnern realisiert, welche die individuelle Mobilität grundlegend ändern könnten.« Wie um dies zu unterstreichen, wird gleich eine Fülle neuer Konzepte ausgebreitet: *smartmove city, smartmove parking, smartmove travelcard, smartmove carsharing, smartmove bahn, smartmove and more...*
Wer die Zeichen der Zeit erkennen will, kann sich eine Vorstellung von der Richtung neuer Verkehrskonzepte machen, bekommt eine Ahnung, wohin die Reise gehen kann, wie ein Auto beschaffen sein müsste, das die derzeitigen Verkehrsprobleme nicht hervorruft, sondern löst.

Ist der Smart ein Auto wie jedes andere ?

Um noch einmal auf diese Eingangsfrage zurückzukommen: Meine Antwort ist: NEIN! Oder besser: Der Smart ist auch ein Auto wie jedes andere – aber wichtiger ist die Aussage: Der Smart könnte die Antwort auf die Frage nach dem zukunftsfähigen Auto sein. Er erfüllt in weitem Maße die aufgestellten Kriterien.

»Ist der Smart ein zukunftsfähiges Auto?«

Ein bisschen Technik: Was der Smart alles kann

Kleine Autos, große Probleme – vor dieser Situation stehen Ingenieure, wenn sie viel Innenraum in geringen Abmessungen, eine sichere Passagierzelle unter wenig Blech unterzubringen haben. Als besonders neuralgischer Punkt erwies sich über Jahrzehnte der Antrieb. In den meisten Kleinwagen trödeln nämlich altertümliche Maschinen. Fiat, einer der großen Namen, wenn es um kleine Autos geht, brachte 1998 den »Seicento« (600) mit einem vom Vorgänger »Cinquecento« (500) übernommenen Vierzylinder auf den Markt, der in die Antikenabteilung des Motorenbaus passen würde. Seitliche Nockenwelle, eine schwerfällige Ventilsteuerung, sechs Liter Durchschnittsverbrauch, alles wenig attraktive Eigenschaften und keineswegs die Ausnahme in der Fahrzeugklasse der Zwerge. Auch Minis wie der Ford Ka oder Renault Twingo wurden mit Altmotoren bestückt. Bei dem poppigen Ka ermittelten Tester gar beängstigende Verbrauchswerte von annähernd elf Litern auf 100 Kilometer.

Konkurrent Renault Twingo: modernes Kleid über alter Motorentechnik.

Jahrelang galt in einigen Automobilfirmen offenbar der Grundsatz, dass für Kleinautos die älteste Technik gerade gut genug sei, weil an Autos ohnehin umso weniger zu verdienen ist, je kleiner sie sind. Doch es gab auch Ausnahmen. Die japanischen Hersteller Daihatsu und Suzuki brachten bereits in den Achtzigern Kleinwagen mit Dreizylindermotoren auf dem Markt, die sich durch geringes Gewicht und wenig Verbrauch auszeichneten. Bei Rover ging ein Dreizylinder für den Heckmotor des als Nachfolger des Kleinwagenklassikers Mini geplanten Modells auf die Prüfstände. Opel stellte 1997 als erste europäische Automarke mit dem Corsar 1.0 12 V einen Dreizylinder-Pkw vor. Ganz langsam setzte sich die Prozession der internationalen Autogilde in Richtung Dreizylinder in Marsch. Deren Aufstieg vollzog sich im tiefen Schatten immer ausgefeil-

Konkurrent Ford Ka.

terer Technologien. Bereiteten in frühen Jahren den Ingenieuren beispielsweise Dichtungsprobleme, so zwischen Motorblock und Zylinderkopf, die Kolbenringe und Lager einiges Kopfzerbrechen, sind mit immerzu neuen, widerstandsfähigeren Materialien und ausgefeilten Entwurfstechniken am Computer nahezu alle Raffinessen

möglich. Motoren entstehen heute fast aus dem Baukasten. Bei VW werden zwei Dreizylinder zu einem Sechszylinder zusammengeklebt, dann zwei oder drei Sechszylinder zu Maschinen mit zwölf oder 18 Töpfen. Erst relativ spät und im Zuge des durch immer strengere Verbrauchsvorschriften ausgelösten Trends zu Kleinwagen, die nicht mehr als drei Liter pro 100 Kilometer schlucken, steig das Interesse am kleinen Dreizylinder.

Im Prinzip einem Motorradmotor vergleichbar, ist dessen Vorteil einleuchtend: Verglichen mit dem herkömmlichen Vierzylinder kommt er mit einem Zylinder weniger aus. Auch die dazu gehörige Ventilsteuerung und Reibung entfällt. Der Verbrauch sinkt. Sorgt man gleichzeitig dafür, dass der Zwerg ebenso viele Pferde wie ein ausgewachsener Vierzylinder traben lässt – beispielsweise mit Hilfe eines elektronischen Motormanagements kein unlösbares Problem – und rüstet ihn zudem noch mit den technischen Feinheiten wie rollengelagerten Ventilschlepphebeln zur Minderung der Reibungsverluste auf, dann bricht eine neue Kleinwagen-Ära an.

Ein neuer Motor

So ungefähr dachten auch die Mercedes-Leute, die mit dem Bau ihres Smart-Winzlings zugleich ihre Chance erkannten, einen neuen, technisch fortschrittlichen Kleinwagenmotor zu bauen und diesen weltweit an Mini-Hersteller zu verkaufen. »Mit einem weißen Blatt Papier anzufangen, ohne an ein bestehendes Fahrzeugkonzept und Fertigungseinrichtungen gebunden zu sein«, das beschreibt Bernhard Heil von Mercedes-Benz als schönste Startbedingung im Leben

eines Autotechnikers und als Ausgangssituation für das Smart-Triebwerk: »Der Motor sollte den Anspruch eines modernen, spritzigen, jugendlichen, ökologischen und ökonomisch ausgerichteten Fahrzeugs unterstreichen.« Mit dieser Forderung im Hinterkopf, stellten die Ingenieure eine Liste auf, wie das neue Motörchen aussehen müsste:

• Geringes Gewicht
• Keine Beeinträchtigung der Fahrzeugkonzeption und des Innenraums
• Überzeugende Laufruhe
• Hohes Drehmoment und Leistung für Fahrspaß
• Zukunftsweisende Verbrauchswerte
• Geringe Reibungsverluste und bester thermodynamischer Wirkungsgrad.

Der Dreizylinder-Turbomotor (links oben) gilt als hochmoderne, innovative Konstruktion. Zur Gewichtseinsparung wurde der Turbolader in das Abgassystem integriert (rechts oben).

Schritt für Schritt kämpften sich die Motorenentwickler an dieser Wunschliste entlang. Da war zunächst das Gewicht. Weil moderne Motoren auch aus wenig Hubraum erheblich mehr Leistung entwickeln als noch vor 20 oder 30 Jahren, konnte schon mal in diesem Punkt abgespeckt werden: »Ein 600 ccm großer Motor ist nun mal zwischen 20 und 30 Prozent leichter als ein 900- oder 1000-ccm-Motor«, erklärt Bernhard Heil. Hergestellt wurde der Motor aus dem Leichtmetall Aluminium im Druckgussverfahren, das dünne Wandstärken und exakte Bauteile erlaubt. Darüber hinaus wurden verschiedene, sonst eigenständige Bauelemente zusammengefasst,

beispielsweise wurde das Turbinengehäuse des Abgasturboladers in den Auspuffkrümmer integriert. Heraus kam ein nur 36 Zentimeter langes und 48 Zentimeter hohes Antriebspaket, das einem Motorradmotor ähnlich nur wenig Platz beansprucht. Mit einem Gesamtgewicht von 59 Kilogramm bringt dieser von den Smart-Leuten mit der Bezeichnung »Suprex Turbo« versehene Motor um rund 20 Kilogramm weniger auf die Waage als vergleichbare Triebwerke, eine Gewichtseinsparung von einem Viertel, wie der Vergleich der Einzelteile zeigt:

Bauteil	Gewicht Suprex Turbo (kg)	Gewicht vergleichbarer Konkurrenzmotoren (kg)
komplettes Kurbelgehäuse	12	21
kompletter Zylinderkopf	7,25	10,11
Pleuelstange	0,24	0,33
Kurbelwelle	5,26	6,35
Turbolader mit Auspuff	28,32	31,9
Krümmer	4,68	6,75
Ölwanne	1,25	2,56
Gesamtgewicht	59	79

Der Motor wird aus Leichtmetall im Druckgussverfahren gefertigt. Vorteile: Dünne Wandstärken bei zugleich exakter Bauweise.

Um die angestrebte Laufruhe zu erreichen, entschieden sich die Motorenbauer dafür, nicht einen Vierzylinder einfach um eine Antriebseinheit zu einem Dreizylinder zu verkürzen, sondern suchten das Problem durch möglichst geringe bewegte Massen, etwa von Kolben und Pleuel grundsätzlich zu lösen. Die Laufruhe auch bei sehr niedrigen Drehzahlen wurde durch eine Doppelzündung deutlich verbessert.

Am Fahrspaß mit hohem Drehmoment in niedrigen Drehzahlbereichen und damit verbundenen Leistungsreserven hat der Turbolader wesentlichen Anteil. Werden diese Turbinen einem herkömmlichen Motor meist einfach aufgepflanzt, um seine

Sauerstoffversorgung und damit die Verbrennung zu verbessern, wurde beim Smart-Motor der Lader erstmals von vorneherein in das Triebwerk voll integriert, mithin ist er einer der ersten echten Turbomotoren. Auch wollte man durch die Aufladung nicht nur die Spitzengeschwindigkeit erhöhen. Bernhard Heil: »Der Turbolader wurde so an das Motorenkennfeld angepasst, dass das maximale Drehmoment von 80 Nm bereits bei Drehzahlen ab 2000 U/min zur Verfügung steht und die Nennleistung von 40 kW bereits bei 5200 U/min erreicht wird. Zum anderen bietet dieses System sogar die Möglichkeit eines Overboosts, der das Drehmomentangebot kurzzeitig um zehn Prozent erhöht. Dies macht das Fahrzeug gerade in Überholvorgängen agiler und leistungsfähiger.«

Was den Treibstoffverbrauch angeht, profitierten die Smart-Ingenieure von der Tatsache, dass hubraumkleine Motoren in Konkurrenz zu ihren großen Verwandten bei vergleichbarer Leistung grundsätzlich um etwa 20 Prozent günstiger sind. Die Doppelzündung und ein optimal geformter, linsenförmiger Brennraum sorgen für weitere Vorteile. Welche Feinarbeit hier notwendig war, zeigt die Mühe, die sich die Ingenieure mit der Kette machten, welche Nockenwelle und Ventile antreibt: Je stärker diese Kette gespannt ist, umso mehr Kraft ist auch notwendig, um sie zu bewegen – vergleichbar einer straff gespannten Fahrradkette, deren einzelne Glieder fest auf die Zahnräder gepresst werden und die somit schwergängiger ist als eine etwas lockerere Kette. Deshalb erhielt der Smart-Motor eine Kettenführung, die mit bis zu 25 Prozent weniger Spannung als bei herkömmlichen Motoren auskommt.

Das Ergebnis war ein Turbomotor in zwei Leistungsklassen. Für den Basistyp des Smart mit der Bezeichnung »Smart & Pure« leistet der Dreizylinder 45 PS (33 kW), für die anderen Ausstattungsvarianten (»Smart & Pulse«, »Smart & Passion«) 55 PS (40 kW). Beide Triebwerke verfügen über die Doppelzündung und Aufladung mit Ladeluftkühlung, der 40-kW-Motor zusätzlich über eine kennfeldgesteuerte Ladedruckregelung. Das Smart City-Cabrio wird mit dem 55-PS-Motor geliefert und ist etwa zehn Kilogramm schwerer bei sonst gleichen Werten wie bei Pulse und Passion.

Auf der Internationalen Automobil-Ausstellung in Frankfurt im Herbst 1999 wurde außerdem der damals kleinste Diesel-Direkteinspritzer der Welt für Pkw als neues Smart-Triebwerk vorgestellt. Den Benzinvarianten vergleichbar erreicht dieser Dreizylinder – Smart cdi genannt – mit Common-Rail-Direkteinspritzung aus 0,8 Liter Hubraum eine Leistung von 41 PS (30 kW) bei 4200 U/min, das maximale Drehmoment von 100 Newtonmeter in einem Drehzahlbereich von 1800 bis 2800 U/min. Wie die Benzinmotoren verfügt auch das cdi-Triebwerk über Turboaufladung mit Ladeluftkühlung.

Doppelzündung, optimal gestaltete Brennräume und unter Hochdruck eingespritzer Treibstoff (oben: Druckpumpe und Injektor) ermöglichen besonders günstige Verbrauchswerte.

Allerdings kann der Motor einige Besonderheiten vorweisen, die seine Premiere zu einem unter Experten beachteten Ereignis aufwerteten. So erfolgt bei Dieselmotoren die Zündung bekanntlich nicht von außen durch eine Zündkerze. Vielmehr wird das Gasgemisch aus Luft und Treibstoff unter Druck zur Selbstentzündung gebracht, was allerdings eine besonders stabile Konstruktion des Motorblocks und ein ausgeklügeltes System für die Ableitung der dabei entstehenden Wärme erfordert. Auch deshalb galt bislang die Faustregel, dass bei einem Diesel jeder Zylinder wenigstens 400 Kubikzentimeter Volumen aufweisen sollte – bis der Smart-Diesel mit nur 266,2 Kubikzentimetern pro Brennraum kam. Auch

einen Motorblock für einen Diesel aus Aluminium zu bauen, wagten bislang nur sehr wenige Hersteller, darunter jetzt auch die Marke Smart. Die geringen rotierenden und oszillierenden Massen des Mini-Diesels machten eine vibrationshemmende Ausgleichswelle überflüssig, womit auch der damit verbundene Leistungsverlust entfiel. Die Bohrungen der Einspitzdüsen sind mit einem Durchmesser von nur 0,12 Millimeter einem Haar vergleichbar.

Softip und Softouch

Das Getriebe ist eine bislang konkurrenzlose Neuenwicklung mit Softip-Schaltung.

Mit einem Verbrauch von durchschnittlich 3,4 Litern auf 100 Kilometer liegt der Diesel-Smart in der Spitzengruppe der günstigsten Kleinwagen. Die Benzinmodelle erreichen eine Verbrauchsmarke von durchschnittlich 4,8 und mit Softouch-Automatik von 5,0 Litern auf 100 Kilometer. Die Diesel-Vorstellung feierte die Smart-Firma MCC mit dem geldharten Hinweis: »Der Dreiliterstatus bringt eine Steuerersparnis von 1000 Mark und somit eine Steuerbefreiung von rund viereinhalb Jahren ein. Mit einem Einstiegspreis von unter 18 980 Mark ist der Smart cdi das mit Abstand preisgünstigste Dreiliterauto auf dem Markt.«

Erreicht werden solche Verbrauchsmarken nicht zuletzt durch das elektronische Management. Das Steuergerät mit der Bezeichnung EPM (Electronic Power Management) wurde speziell für den Smart entwickelt und fasst Einzelfunktionen der unterschiedlichen, für den Antrieb wesentlichen Elemente zusammen. So konnte man beim Smart auf einen herkömmlichen Gaszug verzichten. Fachleute sprechen in diesem Zusammenhang vom »E-Gas«, weil ein elektronisches Gaspedal die Befehle an das Steuergerät weiterleitet. Zum EPM gehört auch die Traktions- und Stabilitätskontrolle mit der Bezeichnung TRUST, die Signale der ABS-Sensoren sowie eines die Querbeschleunigung des Fahrzeugs messenden Sensors registriert und entsprechend Motor und Kupplung steuert. Dies gilt insbesondere für kritische Fahrsituationen, etwa bei scharfer Kurvenfahrt, die dadurch automatisch entschärft werden. Das Fahrzeug verhält sich weitgehend fahrstabil.

Die Sechsgang-Schaltung wird über eine elektrisch betätigte Schaltwalze geschaltet.

Durch das automatisierte, sequenzielle Sechsganggetriebe mit Softip-Schaltung muss beim Gangwechsel nicht gekuppelt werden. Ein leichtes Antippen des Schalthebels nach vorne genügt, um hoch zu schalten, ein Antippen nach hinten schaltet den Smart zurück. Durch dieses Antippen erhält das zentrale Steuergerät ein entsprechendes Signal und aktiviert die Kupplungsautomatik. Diese besteht aus einem elektrischen Motor, der den Schaltvorgang verschleißarm der Drehzahl anpasst. Damit das Getriebe bei einem Schaltfehler nicht beschädigt wird, erfolgen die Schaltvorgänge nur schrittweise: Stimmt die Gangwahl des Fahrers nicht mit der elektronischen Logik des Steuergeräts überein, wird der Schaltvorgang automatisch gesperrt. Als Sonderausstattung steht außerdem eine Softouch-Automatik zur Verfügung, die es dem Fahrer erlaubt, auf Knopfdruck vom manuellen Schaltmodus in ein vollautomatisches Fahrprogramm zu wechseln.

Die Antriebskraft wird durch Hohlwellen an die Hinterräder übertragen. Das Fahrwerk besteht vorne aus Einzelradaufhängung an Dreieckslenkern mit Dämpferbeinen und Stabilisator sowie einer GFK-Querblattfeder, hinten aus einer DeDion-Achse mit Stablenkerführung.

Eine technische Besonderheit ist das Faltdach des Cabrio-Smart. Das gesamte Dach wiegt einschließlich Gestänge und Antriebstechnik für die Automatik nur rund 18 Kilogramm. Die in Abständen von etwa zehn Zentimetern angeordneten Querstreben garantieren, dass das Verdeck auch bei hohen Geschwindigkeiten fest anliegt und den bei Cabrios häufig beobachteten Aufbläheffekt ebenso vermeidet wie lästige Klappergeräusche. Die Smart-Leute bezeichnen deshalb ihr Cabrio stolz als »allwettertaugliches Ganzjahresauto«. Die Verwandlung vom Coupé mit Faltdach zum Vollcabrio vollzieht sich in drei Schritten:

1. Das Faltverdeck lässt sich auch während der Fahrt bis zur B-Säule elektrisch öffnen und kommt deshalb in seiner Wirkung einem Schiebedach gleich. Eine Automatikfunktion fährt das Verdeck auf Wunsch in einem Zug bis zur maximalen Öffnungsstellung nach hinten.

2. Zusätzlich lässt sich das hintere Dachsegment öffnen. Dazu wird es zunächst auf Knopfdruck elektrisch entriegelt und anschließend mit einem Handgriff so weit abgesenkt, dass es einrastet und damit die Automatik bis zur Endstellung in Gang setzt. Zugleich wird die dritte Bremsleuchte oberhalb der Kofferraumklappe in Position gebracht.

3. Komplett offen ist der Cabrio-Smart freilich erst, wenn die Scheiben abgesenkt und die seitlichen Verbindungsholme zwischen A- und B-Säulen entfernt und in passgenauen Staufächern der inneren Heckklappe untergebracht sind.

Auch bei voll abgesenktem Verdeck und demontierten Dachholmen bleibt der Kofferraum mit 150 Liter Volumen erhalten und über die nach unten zu öffnende Heckklappe zugänglich. Übrigens: Bei geschlossenem Verdeck kann man die hintere Dachpartie durch Aufstellen des Spannbügels hochklappen, um sperrige Gegenstände einfacher zu laden.

Als möglichen Zuwachs zur Smart-Familie stellte MCC auf der Frankfurter Automobil-Ausstellung 1999 die Studie eines Roadster vor. Das lag nicht zuletzt deshalb nahe, weil ja Roadster als Sportwagen

Der nächste Smart: ein Roadster für Spaß-Fahrer.

ebenso wie der Smart nur zweisitzig sind. Zwar wurde das Fahrzeug mit 3223 Millimetern erheblich länger als das Grundmodell, doch konnte die zusätzlich verstärkte hochfeste Sicherheitszelle weitgehend übernommen werden.

Technische Daten der Smart-Modelle

Modelle	Pure	Pulse / Passion
Motor:		
Art:	3-Zylinder-Benzinmotor, Reihenmotor aus Aluminium, hinten quer eingebaut, eine obenliegende Nockenwelle mit Kettentrieb, Abgasturbolader mit Ladeluftkühlung, maximaler Ladedruck 1,8 bar, kennfeldgesteuerte (Pulse und Passion) elektronische Ladedruckregelung, Einspritzsystem Bosch Multipoint, elektronisches Motorenmanagement für Drosselklappe, Einspritzung, Zündung, Getriebesteuerung. Doppelzündung mit 2 Zündkerzen pro Zylinder	
Zylinder	3	
Ventile	2 pro Zylinder	
Hubraum (ccm)	599	
Bohrung/Hub(mm)	63,5 x 63	
Leistung (kW/PS)	33/45	40/55
	bei 5250 U/min	
(Nm)	70 bei 3000 U/min	80 bei 2000 bis 4500 U/min
Verdichtung	9,5:1	
Gemischaufber.	elektron. Multipoint-Einspritzung / E-Gas	
Kraftübertragung		
Kupplung	Einscheiben-Trockenkupplung	
Getriebe	Sequenzielles automatisiertes 6-Gang-Schaltgetriebe	Handschalt-Softip und Automatik-Softouch
Übersetzung		
Achsantrieb	4,208/1,667	
1. Gang	14,203	
2. Gang	10,310	
3. Gang	7,407	
4. Gang	5,625	
5. Gang	4,083	
6. Gang	2,933	
Rückwärtsgang	12,888	

Modelle	Pure	Pulse / Passion
Fahrwerk		
Vorderachse	Dreiecksquerlenker mit Dämpferbein, Blattfeder und Stabilisator Roadster: Schraubenfeder und Teleskopdämpfer	
Hinterachse	DeDion-Achsrohr mit Zentrallager, Querlenker, Schraubenfeder, Teleskopdämpfer, Stabilisator	
Bremsen	Hydraulisches Zweikreissystem mit Unterdruckverstärkung, Scheiben bremsen vorne, Trommelbremsen hinten, elektronische Bremskraft- verteilung, EBV, ABS	
Lenkung	Zahnstangenlenkung, Lenkungsdämpfer	
Räder vorn/hint.	4 J x 15/ 5,5 J x 15	
Reifen vorn/hint.	145/65 R 15/ 175/55 R 15	
Maße und Gewichte		
Radstand (mm)	1 812	
Spur vor. (mm)	1 286	
Spur hin. (mm)	1 354	
Länge (mm)	2 500	
Breite (mm)	1 515	
Höhe (mm)	1 529	
Wendekreis (m)	8,70	
Leergewicht (kg)	720	
Nutzlast (kg)	260	
Gesamtge. (kg)	980	
Kofferraum (l)	150/260	
Tankinhalt (l)	22	
c_w-Wert	0,37	
Fahrleistungen		
0 – 100 km/h(sec)	18,9	
Spitze (km/h)	135	
Verbrauch (l/100 km) und Kohlendioxidausstoß		
City	5,8	
Land	4,2	
Durchschnitt	4,8	
CO_2 (g/km)	115	

Modelle	Pure	Pulse / Passion

Haftpflicht	12
Teilkasko	15
Vollkasko	10

Steuer

Als Fünfliterauto anerkannt und Steuerbefreiung bis zum Jahr 2005. Anschließender Steuersatz DM 60,00 jährlich.

Garantie

3 Jahre oder 40 000 km, 6 Jahre gegen Durchrostung
Europaweiter 24-Stunden-Notfalldienst für ein Jahr
Wartungsintervall 15 000 km oder 1-mal/jährlich

City-Cabrio

Motor und Fahrwerk wie bei den Modellen Pulse und Passion
Abweichung im Gewicht:

Leergewicht (kg)	730
Gesamtge. (kg)	990

Smart cdi

Motor

Art:	3-Zylinder-Diesel, Reihenmotor aus Aluminium, hinten quer eingebaut, eine obenliegende Nockenwelle mit Kettenantrieb, Abgasturbolader mit Ladeluftkühlung, max. Ladedruck 1,15 bar, kennfeldgesteuerte elektronische Ladedruckregelung, Gemischaufbereitung durch Common-Rail-Direkt-Einspitzung, Motorenmanagement den Benzin-Modellen vergleichbar.
Zylinder	3 in Reihe
Ventile	2 pro Zylinder
Hubraum (ccm)	799
Bohrung/Hub (mm)	65,5 x 79,0
Leistung (PS/kW)	41/30 bei 4200 U/min

Smart cdi	
Max. Drehmoment	100 (Nm) bei 1800 bis 2800 U/min
Verdichtung	18,5:1

Kraftübertragung, Fahrwerk, Maße und Gewichte den übrigen Smart-Modellen (Pure, Pulse / Passion) vergleichbar.

Fahrleistungen und Verbrauch

0 – 100 km/h (sec)	19,8 (Softip)	20,8 (Softouch)
Höchstge. (km/h)	135	

Verbrauch (l/100 km)

City	3,8
Land	3,2

Ausstattungsmerkmale

Sicherheit
Tridion-Sicherheitskarosserie mit Crash-Elementen (Reparatur-Crash bis 15 km/h)
Airbag für Fahrer und Beifahrer
Elektronische Traktions- und Stabilitätskontrolle
Bremssystem mit ABS und Bremskraftverstärker
Sicherheits-Integralsitze, Gurte mit Gurtstraffer und Gurtkraftbegrenzer
Zentralverriegelung, Wegfahrsperre, Funk-Fernbedienung
Dritte Bremsleuchte und seitliche Blinkleuchten
Knieschutzpolster für den Fahrer

Außenausstattung
Austauschbare Karosserieverkleidungen, so genannte

Body Panels
Korrosionsschutz, Hohlraumkonservierung
Zweigeteilte Heckklappe
Heckscheibenwischer
Verbundglas-Frontscheibe
Colorverglasung
Abschleppöse, vorne und hinten einschraubbar
Abschließbarer Tankdeckel

Innenausstattung
Elektrische Fensterheber
Ablageboxen in den Türen
Gepäckraumboxen mit Deckel, links und rechts
Taschenhalter in den Sitzrücklehnen
Radiovorrüstung
12-Volt-Steckdose
Stofftürverkleidung auswechselbar
Bedienhebel- und Instrumentenblenden austauschbar

Vorbereitung für Schnellbefestigung von Kindersitzen
Auswechselbare Sitzpolster

Anzeigen
ABS
Digitale Ganganzeige und Schaltempfehlung
Kontrollleuchten für Batterie, Bremsen, Airbagsystem inklusive Kindersitzerkennung und Gurtstraffer, Motorsteuerung, Fern-/Abblendlicht, Nebelscheinwerfer, Blinker, Öldruck
Elektronische Leuchtweitenregelung
Licht-an-Summer
Tages- und Wegstreckenzähler
Temperaturanzeige
Tankinhaltanzeige

Fragen und Antworten:
Sind Sie ein »Smart-Typ«?

Beantworten Sie jede der nachfolgenden Fragen mit einem Ja oder Nein. Am Ende können Sie der Anzahl Ihrer angekreuzten Ja-Antworten entnehmen, was Sie vom Smart halten.

1. Sind Sie in Ihrem Auto überwiegend alleine oder selten mit mehr als einem Passagier unterwegs? ☐ Ja ☐ Nein

2. Kommen Sie mit einem Kofferraum aus, in den sechs Kisten Mineralwasser passen? ☐ Ja ☐ Nein

3. Halten Sie sich überwiegend an Geschwindigkeitsvorschriften? ☐ Ja ☐ Nein

4. Halten Sie es für falsch, Autos als Prestigeobjekt zu betrachten? ☐ Ja ☐ Nein

5. Ist für Sie das Auto vornehmlich ein praktischer Gebrauchsgegenstand? ☐ Ja ☐ Nein

6. Spielen für Sie die Kosten beim Autokauf und -fahren eine wichtige Rolle? ☐ Ja ☐ Nein

7. Können Sie sich vorstellen, ein kleines Auto nicht nur als Zweit- oder Drittwagen zu fahren? ☐ Ja ☐ Nein

8. Haben Sie Sinn für ungewöhnliche technische Lösungen und Neuheiten? ☐ Ja ☐ Nein

9. Legen Sie darauf Wert, dass beim Bau Ihres Autos auch auf die Umwelt Rücksicht genommen wird? ☐ Ja ☐ Nein

10. Möchten Sie gelegentlich die Karosseriefarbe Ihres Autos ein wenig verändern, ohne dass dafür hohe Kosten anfallen? ☐ Ja ☐ Nein

11. Ist es für Sie wichtig, dass im Kaufpreis eines Autos die Ausstattung möglichst komplett eingeschlossen ist? ☐ Ja ☐ Nein

12. Liegt Ihnen weniger an einer hohen Spitzengeschwindigkeit als an flotten Beschleunigungswerten? ☐ Ja ☐ Nein

13. Haben Sie Sinn für eine »Autophilosophie«, also für vernünftige Überlegungen, die dazu führen, dass ein Auto so aussieht, wie es aussieht? ☐ Ja ☐ Nein

14. Haben Sie Verständnis für den Gedanken, dass in Zukunft nicht mehr jeder Bürger ein eigenes Auto fährt, sondern man sich üblicherweise ein Fahrzeug nach Bedarf ausleiht, allerdings zu geringeren Kosten als heute üblich? ☐ Ja ☐ Nein

15. Halten Sie es für richtig, dass kleine Autos, die weniger Platz benötigen und günstige Verbrauchs- und Abgaswerte aufweisen, an Parkuhren und in Parkhäusern mit einem Sondertarif bevorzugt werden? ☐ Ja ☐ Nein

16. Kommt es für Sie grundsätzlich in Frage, Urlaubsreisen mit der Bahn oder dem Flugzeug zu unternehmen und, falls notwendig, am Zielort ein kleines Auto zum Sonderpreis zu mieten, um beweglich zu sein?

☐ Ja ☐ Nein

17. Können Sie sich mit folgendem Vorschlag anfreunden? Im Normalfall fahren Sie einen Kleinwagen und bei Bedarf mieten Sie ein größeres Fahrzeug zum verbilligten Preis. ☐ Ja ☐ Nein

18. Stellen Sie sich vor, jemand erzählt Ihnen von einem Auto mit einer fast kugelrunden Karosserie, einem Motor an der Hinterachse, zahlreichen elektronischen Ausstattungsdetails und so fort. Interessiert Sie das? ☐ Ja ☐ Nein

19. Zweifellos müssen Autos sicher sein. Beispielsweise so sicher wie eine Kastanie, die in ihrer Stachelschale vom Baum fällt und dabei unbeschädigt bleibt. Finden Sie es gut, solche Vorbilder der Natur in den Automobilbau zu übernehmen? ☐ Ja ☐ Nein

20. Interessieren Sie sich mehr als nur beiläufig für Fragen der Umwelt, des schonenden Umgangs mit Rohstoffen, der vernünftigen Verwertung schrottreifer Autos? ☐ Ja ☐ Nein

Auswertung

• Sie haben mehr als 15 Fragen mit einem Ja beantwortet:
Sie sind der ideale Smart-Typ. Sie haben Verständnis für kleine Autos, für die Umwelt und vor allem für den Gedanken, dass man sich für den Innenstadtverkehr etwas einfallen lassen muss, um die Lebensqualität in den heute verstopften Straßen wieder zu verbessern. Sie sind aufgeschlossen für neue Ideen!

• Sie haben 12 bis 15 Fragen mit Ja beantwortet.
 Na ja, so ganz einverstanden sind Sie mit dem Smart nicht. Irgendetwas stört Sie. Vielleicht, dass der Smart nur zwei Sitze hat? Wenn Sie allerdings genau überlegen, sind Ihre Einwände nicht besonders schwerwiegend. Irgendwie sind Sie ein »Fast-Smart-Typ«!

• Sie haben 10 bis 12 Fragen mit Ja beantwortet.
Also, mit einem Kleinwagen könnten Sie sich durchaus anfreunden. Ob es sich dabei allerdings um den Smart handeln muss, das wollen Sie sich offenbar noch einmal gründlich überlegen. Sie denken logisch, sind Neuerungen aufgeschlossen, aber irgendetwas stört Sie noch an der Kleinwagenphilosophie.

• Sie haben 7 bis 9 Fragen mit Ja beantwortet.
Offenbar gefällt Ihnen der Smart durchaus – nur kaufen würden Sie ihn wohl nicht. Vielleicht weil es Ihnen schwer fällt, von alten Gewohnheiten Abschied zu nehmen, von großen Autos beispielsweise. Wie auch immer, Sie haben doch erhebliche Vorbehalte gegen den Smart.

• Sie haben weniger als sieben Fragen mit Ja beantwortet.
Man kann es drehen und wenden, wie man will: Ein Smart-Typ sind Sie ganz gewiss nicht. Ihre Autowelt sieht anders aus. Sie haben – das kann man nicht übersehen – wenig Lust, sich auf ein solches Auto einzulassen.
Eigentlich schade, denn Sie haben durchaus Verständnis für die aktuellen Verkehrsprobleme und die Notwendigkeit, dass Lösungen gefunden werden müssen. Nur, dass der Smart zu diesen Lösungen gehören könnte, das können oder mögen Sie sich nicht vorstellen.